建筑与市政工程施工现场专业技术人员培训教材

工程试验员专业管理实务

主　编　刘凤莲
副主编　徐　倩

黄河水利出版社
·郑州·

图书在版编目(CIP)数据

工程试验员专业管理实务/刘凤莲主编,建筑与市政工程施工现场专业人员职业标准培训教材编委会编.—郑州:黄河水利出版社,2018.2

建筑与市政工程施工现场专业人员职业标准培训教材

ISBN 978-7-5509-1973-0

Ⅰ.土… Ⅱ.①刘…②建… Ⅲ.①建筑材料-材料试验-职业培训-教材 Ⅳ.①TU502

中国版本图书馆CIP数据核字(2018)第036234号

出 版 社:黄河水利出版社　　网址:www.yrcp.com

地址:河南省郑州市顺河路黄委会综合楼14层　　邮政编码:450003

发行单位:黄河水利出版社

发行部电话:0371-66026940、66020550、66028024、66022620(传真)

E-mail:hhslcbs@126.com

承印单位:河南承创印务有限公司

开本:787 mm×1 092 mm　1/16

印张:11

字数:263千字　　印数:1—1 000

版次:2018年2月第1版　　印次:2018年2月第1次印刷

定价:39.00元

前　言

检测试验工作是建设工程质量管理工作的重要组成部分,是确保真实客观地评价工程质量的科学手段和依据之一。为了保证检测试验工作的科学性、公正性、准确性,必须加强对试验检测人员和施工试验人员的培训,提高检测试验人员的专业素质。

本书依据国家现行规范和试验标准,结合试验员培训要求进行编写。全书以建筑与市政工程施工项目现场试验管理为主线,较完整的提供了现场施工所涉及的工程材料的技术信息及取样频率,并阐述了工程结构检测时,施工现场所需做好的前期工作,以及一些检测内容必须由现场试验人员进行检测的详细试验步骤。全书共分八章,内容包括试验员工作的相关规定、试验基础知识、水泥试验、混凝土试验、土工试验、钢材试验、砌体材料试验、选择性试验等。

推行施工现场专业人员职业标准和考核评价机制,加强工程试验人员专业技能培养,对提高建设工程项目管理水平,规范施工管理行为,保证施工项目的质量和安全具有重要意义,同时也必将推进各施工企业和一线的技术管理人员在实践中的管理创新。诚挚希望本书读者在使用中多提宝贵意见,以便再版时进行改进。

本书由华北水利水电大学刘凤莲任主编,郑州市规划勘测设计研究院徐倩任副主编。本书主要作为从事建筑行业材料检测人员的岗位培训教材,也可作为相关专业大中专院校师生的参考用书。

由于时间仓促,水平有限,本书难免存在缺点和不足之处,望广大读者批评指正。

编　者

2018 年 1 月

前言

目　录

第一章　试验员工作的相关规定

第一节　建筑工程检测试验技术管理

一、建筑工程检测试验技术管理

(1)建筑工程施工现场检测试验技术管理应按以下程序进行:

①制订检测试验计划;

②制取试样;

③登记台账;

④送检;

⑤检测试验;

⑥检测试验报告管理。

(2)建筑工程施工现场应配备满足检测试验需要的试验人员、仪器设备、设施及相关标准。

(3)建筑工程施工现场检测试验的组织管理和实施应由施工单位负责。当建筑工程实行施工总承包时,可由总承包单位负责整体组织管理和实施,分包单位按合同确定的施工范围各负其责。

(4)施工单位及取样、送检人员必须确保提供的检测试样具有真实性和代表性。

(5)承担建筑工程施工检测试验任务的检测单位应符合以下规定:

①当行政法规、国家现行标准或合同对检测单位的资质有要求时,应遵守其规定;当没有要求时,可由施工单位的企业实验室试验,也可委托具备相应资质的检测机构检测;

②对检测结果有争议时,应委托共同认可的具备相应资质的检测机构重新检测;

③检测单位的检测试验能力应与其所承担的检测试验项目相适应。

(6)见证人员必须对见证取样和送检的过程进行见证,且必须确保见证取样和送检过程的真实性。

(7)检测方法应符合国家现行标准的相关规定及各方认可,必要时进行论证或验证。

(8)检测机构应确保检测数据和检测报告的真实性和准确性。

(9)建筑工程施工检测试验中产生的废弃物、噪声、振动和有害物质等的处理、处置应符合国家现行标准的相关规定。

二、检测试验项目

（一）材料、设备进场检测

（1）材料、设备的进场检测内容应包括材料性能复试和设备性能测试。

（2）进场材料性能复试与设备性能测试的项目和主要检测参数，应依据国家现行相关标准、设计文件和合同要求确定。

（3）对不能在施工现场制取试样或不适于送检的大型构配件及设备等，可由监理单位与施工单位等协商在供货方提供的检测场所进行检测。

（二）施工过程质量检测试验

（1）施工过程质量检测试验项目和主要检测试验参数应依据国家现行相关标准、设计文件、合同要求和施工质量控制的需要确定。

（2）施工过程质量检测试验的主要内容应包括土方回填、地基与基础、基坑支护、结构工程、装饰装修等五大类。施工过程质量检测试验项目、主要检测试验参数和取样依据可按表 1-1 的规定确定。

表 1-1　施工过程质量检测试验项目、主要检测试验参数和取样依据

序号	类别	检测试验项目	主要检测试验参数	取样依据	备注
1	土方回填	土工击实	最大干密度	《土工试验方法标准》（GB/T 50123）	
			最优含水率		
		压实程度	压实系数 *	《建筑地基基础设计规范》（GB 50007）	
2	地基与基础	换填地基	压实系数 * 或承载力	《建筑地基处理技术规范》（JGJ 79）、《建筑地基基础工程施工质量验收规范》（GB 50202）	
		加固地基、复合地基	承载力		
		桩基	承载力	《建筑桩基检测技术规范》（JGJ 106）	
			桩身完整性		钢桩除外
3	基坑支护	土钉墙	土钉抗拔力	《建筑基坑支护技术规程》（JGJ 120）	
		水泥土墙	墙身完整性		
			墙体强度		设计有要求时
			锁定力		

续表 1-1

序号	类别	检测试验项目		主要检测试验参数	取样依据	备注
4	结构工程	钢筋连接	机械连接工艺检验＊	抗拉强度	《钢筋焊接及验收规程》(JGJ 18)	
			机械连接现场检验			
			钢筋焊接工艺检验＊	抗拉强度		
				弯曲		适用于闪光对焊、气压焊接头
			闪光对焊	抗拉强度		
				弯曲		
			气压焊	抗拉强度		
				弯曲		适用于水平连接筋
			电弧焊、电渣压力焊、预埋件钢筋 T 形接头	抗拉强度		
			网片焊接	抗剪力		热轧带肋钢筋
				抗拉强度		冷轧带肋钢筋
				抗剪力		
		混凝土	混凝土配合比设计	工作性	《普通混凝土配合比设计规程》(JGJ 55)	指工作度、坍落度和坍落扩展度等
				强度等级		
			混凝土性能	标准养护试件强度		
				同条件试件强度＊(受冻临界、拆模、张拉、放张和临时负荷等)	《混凝土结构工程施工质量验收规范》(GB 50204)、《混凝土外加剂应用技术规范》(GB 50119)、《建筑工程冬期施工规程》(JGJ 104)	同条件养护 28 d 转标准养护 28 d,试件强度和受冻临界强度试件按冬期施工相关要求增设其他同条件试件根据施工需要留置
				同条件养护 28 d 转标准养护 28 d 试件强度		
				抗渗性能	《地下防水工程质量验收规范》(GB 50208)、《混凝土结构工程施工质量验收规范》(GB 50204)	有抗渗要求时

续表 1-1

<table>
<tr><th>序号</th><th>类别</th><th colspan="2">检测试验项目</th><th>主要检测试验参数</th><th>取样依据</th><th>备注</th></tr>
<tr><td rowspan="7">4</td><td rowspan="7">结构工程</td><td rowspan="4">砌筑砂浆</td><td rowspan="2">砂浆配合比设计</td><td>强度等级</td><td rowspan="2">《砌筑砂浆配合比设计规程》(JGJ/T 98)</td><td rowspan="2"></td></tr>
<tr><td>稠度</td></tr>
<tr><td rowspan="2">砂浆力学性能</td><td>标准养护试件强度</td><td rowspan="2">《砌体结构工程施工质量验收规范》(GB 50203)</td><td></td></tr>
<tr><td>同条件养护试件强度</td><td>冬期施工时增设</td></tr>
<tr><td rowspan="2">钢结构</td><td>网架结构焊接球节点、螺栓球节点</td><td>承载力</td><td rowspan="2">《钢结构工程施工质量验收规范》(GB 50205)</td><td>安全等级一级、$L \geq 40$ m 且设计有要求时</td></tr>
<tr><td>焊缝质量</td><td>焊缝探伤</td><td></td></tr>
<tr><td colspan="2">后锚固(植筋、锚栓)</td><td>抗拔承载力</td><td>《混凝土结构后锚固技术规程》(JGJ 145)</td><td></td></tr>
<tr><td>5</td><td>装饰装修</td><td colspan="2">饰面砖粘贴</td><td>黏结强度</td><td>《建筑工程饰面砖黏结强度检验标准》(JGJ/T 110)</td><td></td></tr>
</table>

注:带有“*”标志的检测试验项目或检测试验参数可由企业实验室试验,其他检测试验项目或检测试验参数的检测应符合相关规定。

(3)施工工艺参数检测试验项目,应由施工单位根据工艺特点及现场施工条件确定,检测试验任务可由企业实验室承担。

(三)工程实体质量与使用功能检测

(1)工程实体质量与使用功能检测项目,应依据国家现行相关标准、设计文件及合同要求确定。

(2)工程实体质量与使用功能检测的主要内容,应包括实体质量及使用功能等两类。工程实体质量与使用功能检测项目、主要检测参数和取样依据可按表 1-2 的规定确定。

表 1-2　工程实体质量与使用功能检测项目、主要检测参数和取样依据

<table>
<tr><th>序号</th><th>类别</th><th>检测项目</th><th>主要检测参数</th><th>取样依据</th></tr>
<tr><td rowspan="4">1</td><td rowspan="4">实体质量</td><td rowspan="2">混凝土结构</td><td>钢筋保护层厚度</td><td rowspan="2">《混凝土结构工程施工质量验收规范》(GB 50204)</td></tr>
<tr><td>结构实体检验用同条件养护试件强度</td></tr>
<tr><td rowspan="2">维护结构</td><td>外窗气密性能,适用于严寒、寒冷、夏热冬冷地区</td><td rowspan="2">《建筑节能工程施工质量验收规范》(GB 50411)</td></tr>
<tr><td>外墙节能构造</td></tr>
</table>

续表 1-2

序号	类别	检测项目	主要检测参数	取样依据
2	使用功能	室内环境污染物	氡	《民用建筑工程室内环境污染控制规范》(GB 50325)
			甲醛	
			苯	
			氨	
			TVOC	
		系统节能性能	室内温度	《建筑节能工程施工质量验收规范》(GB 50411)
			供热系统室外管网的水力平衡度	
			供热系统的补水率	
			室外管网的热输送效率	
			各风口的风量、通风与空调系统的总风量	
			空调机组的水流量	
			空调系统冷热水、冷却水总流量	
			平均照度与照明功率密度	

三、管理要求

(一)管理制度

(1)施工现场应建立健全检测试验管理制度。施工项目技术负责人应组织检查试验管理制度的执行情况。

(2)检测试验管理制度应包括以下内容

①岗位职责;

②现场试样制取及养护管理制度;

③仪器设备管理制度;

④现场检测试验安全管理制度;

⑤检测试验报告管理制度。

(二)人员、设备、环境及设施

(1)现场试验员应掌握相关标准,并经过技术培训、考核。

(2)施工现场配置的仪器、设备应建立管理台账,按有关规定进行计量检定或校准并保持状态完好。

(3)施工现场试验环境及设施,应满足检测试验工作的要求。

(4)单位工程建筑面积超过 10 000 m^2 或造价超过 1 000 万元人民币时,可设立现场试验站。现场试验站的基本要求应符合表1-3的规定。

表1-3　现场试验站基本条件

项目	基本条件
现场试验人员	根据工程规模和试验工作的需要配置宜为1～3人
仪器设备	根据试验项目确定。一般应配备：天平、台（案）秤、温度计、湿度计、混凝土振动台、试模、坍落度筒、砂浆稠度仪、钢直卷尺、环刀、烘箱等
设施	工作间（操作间）面积不宜小于15 m^2，温、湿度应满足有关规定
	对混凝土结构工程，宜设标准养护室，不具备条件时，可采用养护箱或养护池，温、湿度应符合有关规定

（三）施工检测试验计划

（1）施工检测试验计划，应在工程施工前由施工项目技术负责人组织有关人员编制，并应报送监理单位进行审查和监督实施。

（2）根据施工检测试验计划，应制订相应的见证取样和送检计划。

（3）施工检测试验计划，应按检测试验项目分别编制，并应包括以下内容：

①检测试验项目名称；

②检测试验参数；

③试验规格；

④代表批量；

⑤施工部位；

⑥计划检测试验时间。

（4）施工检测试验计划编制，应依据国家有关标准的规定和施工质量控制的需要，并应符合以下规定：

①材料和设备的检验试验应依据预算量、进场计划及相关标准规定的抽检率确定抽检频次；

②施工过程质量检测试验，应依据施工流水段划分、工程量、施工环境及质量控制的需要确定抽检频次；

③工程实体质量与使用功能检测，应按照相关标准的要求，确定检测频次；

④计划检测试验时间，应根据工程施工进度确定。

（5）发生下列情况之一，并影响施工检测试验计划实施时，应及时调整检测试验计划：

①设计变更；

②施工工艺改变；

③施工进度调整；

④材料和设备的规格、型号或数量变化。

（6）调整后的检测试验计划，应按照相关规范的条款规定，重新进行审查。

（四）试样与标识

（1）进场材料的检测试样，必须从施工现场随机抽取，严禁在现场外制取。

（2）施工过程质量检测试样，除确定工艺参数可制作模拟试验外，必须从现场相应的施工部位制取。

(3)工程实体质量与使用功能检测,应依据相关标准抽取检测试样或确定检测部位。

(4)试样应有唯一性标识,并应符合下列规定:

①试样应按照取样时间顺序连续编号,不得空号、重号;

②试样标识的内容,应根据试样的特性确定,宜包括:名称、规格(或强度等级)、制取日期等信息;

③试样标识应字迹清新、附着牢固。

(5)试样的存放、搬运应符合相关标准的规定。

(6)试样交接时,应对试样的外观、数量等进行检查确认。

(五)试样台账

(1)施工现场应按照单位工程分别建立下列试样台账:

①钢筋试样台账;

②钢筋连接接头试样台账;

③混凝土试件台账;

④砂浆试件台账;

⑤需要建立的其他试样台账。

(2)现场试验人员制取试样并作出标识后,应按试样编号顺序登记试样台账。

(3)检测试验结果为不合格或不符合要求时,应在试样台账中注明处置情况。

(4)试样台账应作为施工资料保存。

(5)试样台账的格式,可按规范执行。

(六)试样送检

(1)现场试验人员应根据施工需要及有关标准的规定,将标识后的试样及时送至检测单位进行检测试验。

(2)现场试验人员应正确填写委托单,有特殊要求时应注明。

(3)办理委托后,现场试验人员应将检测单位给定的委托编号,在试样台账上登记。

(七)检测试验报告

(1)现场试验人员应及时获取检测试验报告,核查报告内容。当检测试验结果为不合格或不符合要求时,应及时报告施工项目技术负责人、监理单位及有关单位的相关人员。

(2)检测试验报告的编号和检测试验结果,应在试样台账上登记。

(3)现场试验人员应将登记后的检测试验报告,移交有关人员。

(4)对检测试验结果不合格的报告,严禁抽撤、替换或修改。

(5)检测试验报告中的送检信息需要修改时,应由现场试验人员提出申请,写明原因,并经施工项目技术负责人批准。涉及见证检测报告送检信息修改时,尚应经见证人员同意并签字。

(6)对检测试验结果不合格的材料、设备和工程实体等质量问题,施工单位应依据相关标准的规定处理,监理单位应对质量问题的处理情况进行监督。

(八)见证管理

(1)见证检测的检测项目,应严格按国家有关行政法规及标准的要求执行。

(2)见证人员,应由具有建筑施工检测试验知识的专业技术人员担任。

(3)见证人员发生变化时,监理单位应通知相关单位,办理书面变更手续。

(4)需要见证检测的检测项目,施工单位应在取样及送检之前,通知见证人员。

(5)见证人员应对见证取样和送检的全过程,进行见证并填写见证记录。

(6)检测机构接收试样时,应核实见证人员及见证记录,见证人员与备案见证人员不符,或见证记录无备案见证人员签字时,不得接收试样。

(7)见证人员应核查见证检测的检测项目、数量和比例是否满足有关规定。

第二节 试验员主要岗位职责

一、试验员工作的相关法律法规

工地试验工作是直接检验工程质量的主要手段,试验员的工作态度与业务能力,对于保证工程质量,加快工程进度,降低材料损耗,意义重大。因此,要求试验员必须掌握相应的专业知识和技能,具备一定的试验工作水平。

为了规范试验员的工作,国家制定了一系列的法律法规和相应的工程技术标准。如《中华人民共和国建筑法》《建设工程质量管理条例》《建设工程质量检测管理办法》《房屋建筑工程和市政基础设施工程实行见证取样和送检的规定》《建筑工程检测试验技术管理规范》《建设工程检测试验管理规程》等。

二、岗位责任制度

(1)负责水泥、砖瓦、砂石、沥青、塑料制品、防水材料、轻质材料、木材、各种外加剂等原材料和混凝土、砂浆等各种制品的物理、力学和化学试验。

(2)负责各种混凝土、砂浆、沥青制品以及黏结材料、防水材料的配合比设计。

(3)进行施工中所必须的新材料、新制品的中间试验和研究,提出施工配合比和施工工艺要求,协助推广应用。

(4)根据技术发展,结合施工,进行新材料、新制品的专题研究。

(5)进行必要的地基和结构试验。

(6)对试验资料进行综合分析,并向上级提出建议和报告。

三、资料管理制度

(一)试验委托单

试验委托单,是从事材料质量检验项目的依据,应妥善保管,并在试验结束后,连同报告单归档保存。

(二)试验原始记录

一切原始记录,必须分类编号整理,妥善保存。

(三)试验报告

各种试验报告,都要分类连续编号,认真填写,不得潦草。报告签字手续必须齐全,无公章的报告无效。所有下发的报告,都要有签字手续,并登记台账。试验报告不得涂改和抽撤。

(四)配合比通知单

签发的各种配合比通知单,必须有试验、计算、审核及负责人的名章并加盖公章后方能生效。

(五)试验报表

试验报表须经制表、审核、负责人分别签字并加盖公章方可发出。

(六)台账管理

根据试验项目分别建立台账,台账记录必须清楚、真实、可靠,便于查找。做到台账同原始记录、试验报告交圈。

(七)资料立卷

凡属与试验有管的委托单、试验报告、试验报表、统计分析、试验检验、结构补强、非破损检测等一切资料,必须至少完整保留一份,经整理、编号、编目,立卷归档。保存至工程竣工后3~4年。

(八)文件收发

实验室的一切资料、报告、报表、通知及文件等收发工作,均要有登记签发手续。

四、试验员主要岗位职责

(1)努力学习各种试验规范和业务知识,认真贯彻执行各项试验工作的规定和要求,认真钻研业务,学习新标准、新技术,提高检测水平。

(2)严格按照规定,做好材料的质量把关,进行材料取样、送样工作。

(3)检查来样,正确进行分样,并妥善保管来样。

(4)完成实验室下达的检测任务。

(5)严格按照受检材料的技术标准、检验操作规程以及有关规定进行检验。

(6)严格按照标准要求正确处理检测数据,不得擅自取舍。

(7)按照规定出具《检测报告表》,对检测数据的正确性负责,并按规定程序送审。

(8)严格按照操作规程使用仪器设备,做到事前有检查,事后有维护保养、清理等,并及时填写相关的记录。

(9)实验前,校对实验仪器设备量值,检查仪器是否正常,环境是否符合标准要求。

(10)参与试验设备的安装、调试及验收工作,复查办理交验手续。

(11)严格执行安全制度,做到文明检查。离开岗位时必须检查水、电,防止事故发生。

(12)在本检测机构允许的范围内,按照相关标准、规程参与结构和构件的无损检测,并在出具的《检测报告表》中承担相应的职责。

第二章　试验基础知识

第一节　取样送样见证制度

一、文件规定

根据建设部印发《房屋建筑工程和市政基础设施工程实行见证取样和送检的规定》，见证取样和送检，是指在建设单位或工程监理单位人员的见证下，由施工单位的现场试验人员，对工程中涉及结构安全的试块、试件和材料在现场取样，并送至经过省级以上建设行政主管部门对其资质认可，和质量技术监督部门对其计量认证的质量检测单位进行检测。

二、见证取样送样范围

涉及结构安全的试块、试件和材料，见证取样和送检的比例，不得低于有关技术标准中规定应取样数量的30%。实施见证取样和送检的范围如下：

(1)用于承重结构的混凝土试块；

(2)用于承重墙体的砌筑砂浆试块；

(3)用于承重结构的钢筋及连接接头试件；

(4)用于承重墙的砖和混凝土小型砌块；

(5)用于拌制混凝土和砌筑砂浆的水泥；

(6)用于承重结构的混凝土中使用的掺加剂；

(7)地下、屋面、厕浴间使用的防水材料；

(8)国家规定必须实行见证取样和送检的其他试块、试件和材料。

三、见证取样管理规定

(1)建设单位应向工程质量安全监督和工程检测中心，递交“见证单位和见证人员授权书”，授权书上应写明本工程现场委托的见证人员姓名。

(2)施工单位取样人员，在现场取样和制作试块时，见证人员应在旁见证。

(3)见证人员应对所取试样进行监护，并和施工单位取样人员一起将试样送至检测单位。

(4)检测单位在接受委托检测任务时，须由送检单位填写委托试验单，见证人员应在委托单上签名。各检测单位对无见证人签名的委托单，以及无见证人伴送的试样，一律拒收。

(5)凡未注明见证单位和见证人的试验报告，不得作为质量保证资料和竣工验收资料，并由质量安全监督站重新指定法定检测单位重新检测。

四、见证人员的职责

(1)取样时,见证人员必须旁站见证。

(2)见证人员必须对试样进行监护。

(3)见证人员必须和施工单位人员一起将试样送至检测单位,并在委托试验单上签名,出示“见证人员证书”。

(4)见证人员必须对试样的代表性和真实性负责。

五、见证取样和送检的程序

(1)制定见证取样和送检计划,确定见证试验检测机构。

(2)设定见证人备案。

(3)有见证取样。试验员在见证人的旁站见证下,按相关标准规定进行原材料或施工试验项目的取样和制样。

(4)填写《见证记录》。

(5)委托。试验员登记委托台账,并填写试验委托合同单,与见证人一起到见证试验的检测机构办理委托手续。

(6)领取试验报告。

(7)试验报告移交。

(8)填写《有见证试验汇总表》。

第二节　数据处理

在施工现场进行任何一次测量时,由于材质的不均匀性、人的认识能力以及测量设备、测量方法、环境等产生的误差,都会导致测量结果不能完全反映材料的客观实际状况。这就必须通过增加受检对象的数量和增加测量的次数,来保证测量结果的可靠性。采用数理统计的方法,分析和判断材料的实际质量状况。

一、样本(试样)

在统计分析中,所要研究对象的全体称为总体,而所要研究全体对象中的一个单位,则称为个体。

要知道总体的质量状况,就需要知道个体的质量状况。但在技术上存在困难:一是总体中个体数量繁多,甚至近似无限多,事实上不可能把总体中的全部个体都加以测量;二是总体中个体的数量并不很多,但对个体某种性能的检测是破坏性的,如施工现场钢筋的拉伸性能进行检测时,不能将每一根都检测,因为一经检测,这根钢筋就被拉断从而失去使用价值。

因此,我们通常采用在总体中抽取一部分个体的方法,通过对这一部分个体进行检测,从而推测出总体的质量状况。被抽取的个体的集合体称为样本(材料检测中称为试样)。

二、有效数字

0、1、2、3、4、5、6、7、8、9 这十个数码称为数字。单一数字或多个数字组合起来就构成数值。在一个数值中每一个数字所占的位置称为数位。

测量结果的记录、运算和填写报告,都必须注意有效数字。由有效数字构成的数值与一般数字的数值在概念上是不同的,例如 46.5、46.50、46.500 这三个数值在数学上是看做同一数值,但如果用于表示测量数值,则这三个数值反映的测量结果的准确度是不同的。

有效数字即表示数字的有效意义。一个由有效数字构成的数值,从最后一位算起的第二位以上的数字应该是可靠的(确定的),只有末位数字是可疑的(不确定的)。即由有效数字构成的数值,是由全部确定数字和一位不确定数字构成的。

记录和报告上的数据只应包含有效数字,对有效数字的位数不能随意删减。

数字"0",当它用于表示小数点的位置,而与测量的准确程度无关时,不是有效数字;当它用于表示与测量准确程度有关的数值时,则为有效数字。这与"0"在数值中的位置有关。见表 2-1 所示。

表 2-1 根据"0"在数值中的位置确定有效数字

	"0"在数值中的位置	举例	
1	第一个非零数字前的"0"不是有效数字	0.023 5 0.000 5	三位有效数字 一位有效数字
2	非零数字中的"0"是有效数字	2.003 5 2.305 0	五位有效数字 四位有效数字
3	小数中最后一个非零数字后的"0"是有效数字	2.350 0 0.230%	五位有效数字 三位有效数字
4	以"0"结尾的整数,有效数字的位数难以判断,在此情况下,应根据数值的准确程度改写成指数形式	2.35×10^4 $2.350\ 0 \times 10^4$	三位有效数字 五位有效数字

三、记数规则

试验过程中,数据的记录、运算和报告的填写,经常需要记录数据。在记录这些数据时,应遵循以下规则:

(1)记录数据时,只保留一位可疑数字。

(2)表示精密度时,通常只取一位有效数字,只有在测量次数很多时,才可取两位数字,且最多只取两位。

(3)在数据计算中,当有效数字的位数确定后,其余数字应该按数字修约的规定一律舍去。

(4)在数据计算中,某些倍数、分数、不连续的物理量数值,以及不经测量而完全根据理论计算或定义得到的数值,其有效数字的位数可视为无限。这类数值在计算中需要几位就可以写几位。

(5)测量结果的有效数字所能达到的最后一位,应与误差处于同一位上,重要的测量结果可以多记一位估读数。

四、数值修约

（一）依据

数值修约主要根据《数值修约规则与极限数值的表示和判定》（GB/T 8170—2008）中的相关规定。

数值修约：指通过省略原数值的最后若干数字，调整所保留的末位数字，使最后所得到的值最接近原数值的过程。经数值修约后的数值称为原数值的修约值。

修约间隔：修约值的最小数值单位。修约间隔的数值一经确定，修约值即为该数值的整数倍。

例1：如果修约间隔为0.1，修约值应在0.1的整数倍中选取，相当于将数值修约到一位小数。

例2：如果修约间隔为100，修约值应在100的整数倍中选取，相当于将数值修约到“百”数位。

（二）数值修约进舍规则

数值修约应按照以下规则进行。

（1）拟舍弃数字的最左一位数字小于5，则舍去，保留其余各位数字不变。

例：将9.326修约到个位数，得9；将9.236修约到一位小数，得9.3。

（2）拟舍弃数字的最左一位数字大于5，则进1，即保留数字的末位数字加1。

例：将10.68修约到个位数，得11。

（3）拟舍弃数字的最左一位数字是5，且其后由非零数字时，进1，即保留数字的末位数字加1。

例：将6.502修约到个位数，得7。

（4）拟舍弃数字的最左一位数字是5，且其后无数字或皆为0时，若所保留的末为数字位奇数（1,3,5,7,9）则进一，即保留数字的末位数字加1；若所保留的末位数字为偶数（0,2,4,6,8），则舍去。

例：将0.750修约打扫一位小数，得0.8；将0.076 5修约成两位有效数字，得0.076。

（5）负数修约时，先将它的绝对值按前四条规定进行修约，然后在修约值前面加上负号。

例：将-12.5修约成两位有效数字，得-12。

（三）不允许连续修约

（1）拟修约数字应在确定修约间隔或修约数位后一次修约获得结果，不得多次连续修约。

例：修约23.69，修约间隔为1。

正确做法：23.46→23。

错误做法：23.46→23.5→24。

（2）在具体实施中，有时测试与计算部门先将获得的数值按指定的修约数位多一位或几位报出，而后由其他部门判定。

第三节　法定计量单位

法定计量单位是指国家法律承认、具有法定地位的计量单位。法定计量单位是由政府以法令的形式，明确规定在全国范围内采用的计量单位。

我国的法定计量单位由国际单位制计量单位和国家选定的其他非国际单位制计量单位构成，见表2-2。

表2-2　国际单位制的构成

<table>
<tr><td rowspan="3">国际单位制(SI)</td><td rowspan="2">SI单位</td><td>SI基本单位是SI的基础，其名称和符号见表2-3</td></tr>
<tr><td>SI导出单位，见表2-4</td></tr>
<tr><td>SI单位的倍数单位</td><td></td></tr>
</table>

一、国际单位制(SI)基本单位

SI选择了长度、质量、时间、电流、热力学温度、物质的量和发光强度等7个基本量，并给基本单位规定了严格的定义。SI基本单位是SI的基础，其名称、符号见表2-3。

表2-3　国际单位制(SI)的基本单位

量的名称	单位名称	单位符号
长度	米	M
质量	千克(公斤)	kg
时间	秒	s
电流	安(培)	A
热力学温度	开(尔文)	K
物质的量	摩(尔)	mol
发光强度	坎(德拉)	cd

二、SI导出单位

SI导出单位是通过比例因数为1的量的定义方程式由SI基本单位导出的单位。它是组合形式的单位，是用两个以上基本单位幂的乘积来表示，这种单位符号中的乘和除采用数学符号。其中有些是由杰出科学家的名字命名的，如牛顿、帕斯卡等，以纪念他们在本学科领域做出的贡献，见表2-4。

表 2-4　国际单位制(SI)的导出单位

量的名称	单位名称	单位符号	SI 基本单位和导出单位关系
(平面)角	弧度	rad	1 rad = 1 m/m = 1
立体角	球面度	sr	1 sr = 1 m^2/m^2 = 1
频率	赫[兹]	Hz	1 Hz = 1 s^{-1}
力	牛[顿]	N	1 N = 1 kg · m/s^2
压力,压强,应力	帕[斯卡]	Pa	1 Pa = 1 N/m^2
能(量),功,热量	焦[耳]	J	1 J = 1 N · m
功率,辐(射能)通量	瓦[特]	W	1 W = 1 J/s
电荷	库[仑]	C	1 C = 1 A · s
电压,电动势,电位	伏[特]	V	1 V = 1 W/A
电容	法[拉]	F	1 F = 1 C/V
电阻	欧[姆]	Ω	1 Ω = 1 V/A
电导	西[门子]	S	1 S = 1 Ω^{-1}
磁通(量)	韦[伯]	Wb	1 Wb = 1 V · s
磁通(量)密度,磁感应强度	特[斯拉]	T	1 T = 1 Wb/m^2
电感	亨[利]	H	1 H = 1 Wb/A
摄氏温度	摄氏度	℃	1 ℃ = 1 K
光通量	流[明]	lm	1 lm = 1 cd · sr
(光)照度	勒[克斯]	lx	1 lx = 1 lm/m^2
(放射性)活度	贝可[勒尔]	Bq	1 Bq = 1 s^{-1}
吸收剂量比授(予)能比释动能	戈[瑞]	Gy	1 Gy = 1 J/kg
剂量当量	希[沃特]	Sv	1 Sv = 1 J/kg

三、SI 单位的倍数单位和分数单位

在实际使用中,量值的变化范围很宽,有时仅用 SI 单位来表示量值很不方便。为此 SI 单位构成十进倍数和分数单位的词头。这些词头不能单独使用,也不能重叠使用,仅用于与 SI 单位(kg 除外)构成 SI 单位的十进倍数单位和十进分数单位。见表 2-5。

表 2-5　SI 词头

所表示的因数	词头名称	词头符号
10^{24}	尧[它]	Y
10^{21}	泽[它]	Z
10^{18}	艾[可萨]	E
10^{15}	拍[它]	P
10^{12}	太[拉]	T
10^{9}	吉[咖]	G
10^{6}	兆	M
10^{3}	千	k
10^{2}	百	h
10^{1}	十	da
10^{-1}	分	d
10^{-2}	厘	c
10^{-3}	毫	m
10^{-6}	微	μ
10^{-9}	纳[诺]	n
10^{-12}	皮[可]	p
10^{-15}	飞[母拖]	f
10^{-18}	阿[托]	A
10^{-21}	仄[普托]	z
10^{-24}	幺[科托]	y

四、国家选定的其他计量单位

在日常生活和某些特殊领域中,还有一些广泛使用的、非常重要的非 SI 单位需要继续使用。因此,我国选定了若干非 SI 单位和 SI 单位一起使用。作为国家的法定计量单位,与 SI 单位具有同等地位,见表 2-6。

表 2-6　国家选定的非国际单位制单位

量的名称	单位名称	单位符号	换算关系
时间	分	min	1 min = 60 s
	(小)时	h	1 h = 60 min = 3 600 s
	天(日)	d	1 d = 24 h = 86 400 s

续表 2-6

量的名称	单位名称	单位符号	换算关系
(平面)角	度	°	$1° = 60'$
	[角]分	′	$1' = 60''$
	[角]秒	″	$1'' = (\pi/64\ 800)$ rad
旋转速度	转每分	r/min	1 r/min = (1/60) s^{-1}
长度	海里	nmile	1 nmile = 1 852 m(只用于航行)
速度	节	kn	1 kn = 1 nmile/h = (1 852/3 600) m/s (只用于航行)
质量	吨	t	1 t = 10^3 kg
	原子质量单位	u	1 u ≈ 1.660 540 × 10^{-27} kg
体积	升	L(l)	1 L = 1 dm^3 = 10^{-3} m^3
能	电子伏	e(V)	1 e(V) ≈ 1.602 177 × 10^{-19} J
级差	分贝	dB	
线密度	特[克斯]	tex	1 tex = 1 g/km
面积	公顷	hm^2	1 hm^2 = 10 000 m^2

第三章　水泥试验

第一节　水泥的概述和分类

一、水泥的基本概念

水泥在胶凝材料中占有重要地位，是基本建设中最重要的材料之一。水泥由石灰质原料、黏土质原料与少量校正原料，破碎后按比例配合、磨细并调配成为合适的生料，经高温煅烧（1 450 ℃）至部分熔融制成熟料，再加入适量的石膏、混合材料共同磨细而成的水硬性胶凝材料。水泥不仅可以在空气中凝结硬化，而且能更好地在水中硬化，并保持和发展其强度。因而水泥广泛地应用于工业、农业、国防、交通、城市建设、水利以及海洋开发等工程建设中。

二、水泥的分类

水泥按矿物组成可分为：硅酸盐水泥、铝酸盐水泥、少熟料或无熟料水泥等。

水泥按其用途及性能可分为：通用水泥、专用水泥及特性水泥，见表 3-1。

表 3-1　水泥按用途及性能分类

分类	主要品种
通用水泥	硅酸盐水泥、普通硅酸盐水泥、矿渣硅酸盐水泥、火山灰质硅酸盐水泥、粉煤灰硅酸盐水泥、复合硅酸盐水泥、石灰石硅酸盐水泥等
专用水泥	油井水泥、砌筑水泥、耐酸水泥、耐碱水泥、道路水泥等
特性水泥	白色硅酸盐水泥、快硬硅酸盐水泥、高铝水泥、硫铝酸盐水泥、抗硫酸盐水泥、膨胀水泥、自应力水泥等

三、技术要求

下面以通用硅酸盐水泥为例，介绍其一些技术指标要求。

1. 凝结时间

分为初凝时间和终凝时间。初凝时间是从加水至水泥浆开始失去可塑性所需要的时间；终凝时间是从加水至水泥浆完全失去可塑性所需要的时间。国家规定硅酸盐水泥初凝不得小于 45 min，终凝不得大于 390 min；普通硅酸盐水泥、矿渣硅酸盐水泥、火山灰质硅酸盐水泥、粉煤灰硅酸盐水泥、复合硅酸盐水泥初凝不得小于 45 min，终凝不得大于 600 min。

2. 安定性

指水泥浆体硬化后体积变化的稳定性。当水泥浆体硬化过程发生不均匀变化时，会出现膨胀、开裂、翘曲等现象，称为体积安定性不良，这种水泥会使混凝土构件出现膨胀裂缝，甚至崩溃，从而引起严重的工程事故。国家规定通用硅酸盐水泥的安定性经沸煮法检验必须合格。

3. 强度

是表征水泥力学性能的重要指标，水泥强度等级是根据各龄期强度标准值划分的，采用不同符号表示，见表 3-2。

表 3-2　通用硅酸盐水泥各龄期强度

品种	强度等级	抗压强度(MPa)		抗折强度(MPa)	
		3 d	28 d	3 d	28 d
硅酸盐水泥	42.5	≥17.0	≥42.5	≥3.5	≥6.5
	42.5R	≥22.0		≥4.0	
	52.5	≥23.0	≥52.5	≥4.0	≥7.0
	52.5R	≥27.0		≥5.0	
	62.5	≥28.0	≥62.5	≥5.0	≥8.0
	62.5R	≥32.0		≥5.5	
普通硅酸盐水泥	42.5	≥17.0	≥42.5	≥3.5	≥6.5
	42.5R	≥22.0		≥4.0	
	52.5	≥23.0	≥52.5	≥4.0	≥7.0
	52.5R	≥27.0		≥5.0	
矿渣硅酸盐水泥、火山灰质硅酸盐水泥、粉煤灰硅酸盐水泥、复合硅酸盐水泥	32.5	≥10.5	≥32.5	≥2.5	≥5.5
	32.5R	≥15.0		≥3.5	
	42.5	≥15.0	≥42.5	≥3.5	≥6.5
	42.5R	≥19.0		≥4.0	
	52.5	≥21.0	≥52.5	≥4.0	≥7.0
	52.5R	≥23.0		≥4.5	

四、适用范围

各种水泥因其混合材料种类、掺量的不同，故有其不同的适用性，见表 3-3。

表 3-3　常用水泥的适用范围

水泥品种	适用范围	
	适用于	不适用于
硅酸盐水泥	1. 配置高强度混凝土； 2. 预应力制品、石棉制品； 3. 道路、低温下施工的工程	1. 大体积混凝土； 2. 地下工程
普通硅酸盐水泥	适应性较强，无特殊要求的工程都可以使用	
矿渣硅酸盐水泥	1. 地面、地下、水中各种混凝土工程； 2. 高温车间工程	需要早强和受冻融循环干湿交替的工程
火山灰质硅酸盐水泥	1. 地下水工程、大体积混凝土工程； 2. 一般工业和民用建筑	需要早强和受冻融循环干湿交替的工程
粉煤灰硅酸盐水泥	1. 大体积混凝土和地下工程； 2. 一般工业和民用建筑	需要早强和受冻融循环干湿交替的工程
复合硅酸盐水泥	1. 大体积混凝土和地下工程； 2. 一般工业和民用建筑	需要早强和受冻融循环干湿交替的工程

五、试验项目及组批原则

由于水泥是混凝土、砂浆中使用的主要原材料，因此，混凝土结构工程、砌体工程、加固工程及装饰工程等对水泥的进场复验项目和组批原则都分别作了规定，见表 3-4。

表 3-4　水泥进场复验项目及组批原则

序号	水泥用途	复验要求依据标准	进场复验项目	组批原则
1	混凝土结构	《混凝土结构工程施工质量验收规范》(GB 50204—2015)	强度 安定性 凝结时间	按同一厂家、同一品种、同一代号、同一强度等级、同一批号且连续进场的水泥，袋装不超过 200 t 为一批，散装不超过 500 t 为一批 注：当满足下列条件之一时，其检验批容量可扩大一倍： (1)获得认证的产品 (2)同一厂家、同一品种、同一规格的产品，连续三次进场检验均一次检验合格

续表 3-4

<table>
<tr><th>序号</th><th>水泥用途</th><th>复验要求依据标准</th><th>进场复验项目</th><th>组批原则</th></tr>
<tr><td>2</td><td>砌体结构</td><td>《砌体结构工程施工质量验收规范》(GB 50203—2011)</td><td>强度
安定性</td><td rowspan="3">按同一厂家、同一品种、同一代号、同一强度等级、同一批号且连续进场的水泥,袋装不超过 200 t 为一批,散装不超过 500 t 为一批</td></tr>
<tr><td>3</td><td>装饰装修工程抹灰用</td><td rowspan="2">《建筑装饰装修工程施工质量验收规范》(GB 50210—2001)</td><td>凝结时间
安定性</td></tr>
<tr><td>4</td><td>装饰装修工程粘贴用</td><td>凝结时间
安定性
抗压强度</td></tr>
<tr><td>5</td><td>结构加固</td><td>《建筑结构加固工程施工质量验收规范》(GB 50550—2010)</td><td>强度
安定性
其他必要的性能指标</td><td>按同一厂家、同一品种、同一强度等级、同一批号且同一次进场的水泥,以 30 t 为一批(不足 30 t,以 30 t 计)</td></tr>
</table>

第二节 水泥的抽样检测

一、出厂水泥取样规定

水泥出厂前按同品种、同强度等级进行编号,每一编号为一取样单位。水泥出厂编号按水泥厂年生产能力规定:

(1) 200×10^{4} t 以上,不超过 4 000 t 为一编号;

(2) 120×10^{4} t 至 200×10^{4} t,不超过 2 400 t 为一编号;

(3) 60×10^{4} t 至 120×10^{4} t,不超过 1 000 t 为一编号;

(4) 30×10^{4} t 至 60×10^{4} t,不超过 600 t 为一编号;

(5) 10×10^{4} t 至 30×10^{4} t,不超过 400 t 为一编号;

(6) 10×10^{4} t 以下,不超过 200 t 为一编号。

可连续取样,也可以 20 个以上不同部位取等量样品,总量至少 12 kg。

二、水泥使用单位现场取样

对于进入现场的每批水泥,应尽快安排抽取试样送检。

1. 取样方法

水泥取样应按照相关规定,严格取样标准。

(1)散装水泥:按同一生产厂家、同一等级、同一品种、同一批号且连续进场的水泥为一批,总重量不超过 500 t。取样工具为散装水泥取样管。

(2)袋装水泥:按同一生产厂家、同一等级、同一品种、同一批号且连续进场的水泥为一批，总重量不超过200 t。取样应有代表性，可以从20个以上不同部位的袋中取等量水泥，经混拌均匀后称取不少于12 kg。取样工具为袋装水泥取样管。

(3)按标准进行检验前，将其分成两等份。一份用于检验，一份密封保管3个月，以备有疑问时复验。

(4)当对水泥质量有怀疑或水泥出厂超过三个月，应进行复验，并按复验结果使用。

(5)当对水泥质量有疑问需作仲裁时，应按仲裁检验的办法进行。

(6)交货与验收：交货时的验收可抽取实物试样以其检验结果为依据，也可以水泥厂同编号水泥的检验报告为依据。采用何种方法验收，由买卖双方商定，并在协议中注明。

2. 水泥检验报告单

水泥检验报告单由第三方检测机构出具，是判定一批水泥材质是否合格的依据，领取水泥试验报告单时，应验看试验项目是否齐全，必试项目不能缺少(强度以28 d龄期为准)，实验室有明确结论和试验编号，报告单要求采用计算机打印，实验室的签字盖章齐全。报告单上各试验项目数据是否达到规范规定的标准值，是则验收存档，否则，及时报有关人员处理，并将处理结论附于此单后一并存档。

第三节　水泥的相关试验

水泥的相关试验包括检验前的准备及注意事项、水泥细度检验、水泥标准稠度用水量、水泥净浆凝结时间测定、水泥安定性测定、水泥胶砂强度、水泥胶砂流动度测定、水泥密度测定、水泥压蒸安定性试验等。

一、检验前的准备及注意事项

(1)水泥试样应放在密封干燥的容器内(一般使用铁桶或塑料桶)，并在容器上注明水泥生产厂名称、品种、强度等级、出厂日期、送样日期等。

(2)检验前，一切检验用材料水泥试样、拌和水、标准砂及仪器和用具的温度应与实验室一致(20 ±1) ℃，试验室空气温度和湿度工作期间每天至少记录两次。

(3)仲裁试验或其他重要试验用蒸馏水，其他试验可用饮用水。

(4)检验时不得使用铝制或锌制模具、钵器和匙具等(因铝、锌的器皿易与水泥发生化学反应并易磨损变形，使用铜、铁器比较好。

(5)水泥试样应充分拌匀，通过0.9 mm方孔筛，并记录筛余百分率及筛余物情况。

(6)养护温度为(20 ±1) ℃，相对湿度应大于90%；养护池水温为(20 ±1) ℃。

二、水泥细度检验

水泥细度的表示方法和检验方法有两种：用80 μm方孔筛筛余表示细度的水泥，采用80 μm筛筛分析法；用比表面积细度的水泥，采用比表面积测定方法(勃式法)。

(一)80 μm筛筛分析法

采用标准：《水泥细度检验方法筛析法》(GB/T 1345—2005)。80 μm筛筛分析法又分为负压筛法、水筛法和手工干筛法3种，当3种方法检验结果有争议时，以负压筛法为准。

1. 试验仪器设备

（1）试验筛：由圆形筛框和筛网组成，分负压筛、水筛和手工筛三种，筛网应紧绷在筛框上，筛网和筛框接触处应用防水胶密封，防止水泥颗粒嵌入。试验筛必须保持洁净，筛孔通畅，堵塞时应用专门清洗剂清洗，不可用弱酸浸泡，用毛刷轻轻刷洗，淡水冲净，晾干。

（2）负压筛析仪：负压可调范围为 4 000 ~ 6 000 Pa。喷气嘴上口平面与筛网之间距离为 2 ~ 8 mm。

（3）水筛：水筛架上筛座内径为 140 mm。

（4）天平：最大称量为 100 g，最小分度值不大于 0.01 g。

2. 试验步骤

（1）试验准备：试验前所用试验筛应保持清洁，负压筛和手工筛应保持干燥。试验时，称取试样 25 g。

（2）负压筛法。

①筛析试验前，应把负压筛放在筛座上，盖上筛盖，接通电源，检查控制系统，调节负压至 4 000 ~ 6 000 Pa 范围内。

②称取水泥试样 25 g，置于洁净的负压筛中，盖上筛盖，放在筛座上，开动筛析仪连续筛析 2 min，轻轻敲击筛盖，使附着在筛盖上的试样落下。筛毕，用天平称量全部筛余物的质量。

③工作负压小于 4 000 Pa 时，应清理吸尘器内水泥，使负压恢复正常。

（3）水筛法。

①试验前，应检查水种无泥、砂，调整好水压及水筛架的位置，使其能正常运转。喷头底面与筛网之间的距离为 35 ~ 75 mm。

②称取规定数量的试样，置于洁净的水筛中，立即用淡水冲洗至大部分细分通过，然后将筛子放在水筛架上，用水压（0.05 ± 0.02）MPa 的喷头连续冲洗 3 min。

③筛毕，用少量水把筛余物冲至蒸发皿种，等水泥颗粒全部沉淀后，小心地倒出清水，烘干并用天平称量全部筛余物的质量。

3. 试验结果

按下式计算水泥试样筛余百分率，计算结果精确至 0.1%。

$$F = R_S / m_c \times 100\%$$

式中 F——水泥试样的筛余百分率；

R_S——水泥筛余物的质量，g；

m_c——水泥试样的质量，g。

当筛余物百分率 $F \leqslant 10.0\%$ 时为合格，否则为不合格。

（二）比表面积测定方法（勃式法）

采用标准：《水泥比表面积测定方法 勃式法》（GB/T 8074—2008）。

适用于测定水泥的比表面积以及适合本方法的其他各种粉状物料，不适用于测定多孔材料及超细粉状物料。

1. 试验仪器设备

（1）Blained 透气仪；

（2）U 型压力计；

(3)透气圆筒；

(4)穿孔板；

(5)捣器；

(6)抽气装置；

(7)压力计液体:采用带有颜色的蒸馏水；

(8)基准材料:采用中国水泥质量监督检验中心制备的标准试样；

(9)其他:滤纸(符合国标的中速定量滤纸)、分析天平(分度值为 1 mg)、计时秒表(精确到0.5 s)、烘干箱。

2. 试验步骤

(1)漏气检查:将透气圆筒上口用橡皮塞塞紧,接到压力计上。用抽气装置从压力计一臂中抽出部分气体,然后关闭阀门,观察是否漏气。如果漏气,用活塞油脂加以密封。

(2)测定试料层体积:将两片滤纸沿圆筒壁放入透气圆筒内,用一直径比透气圆筒略小的细长棒往下按,直到滤纸平整放在金属穿孔板上,然后装满水银,用一小块薄玻璃轻压水银表面,使水银面与圆筒口齐平,并保证玻璃板与水银表面之间没有气泡或空洞存在。从圆筒中倒出水银,称量精确至0.05 g。重复几次测定,直到数值基本不变,然后从圆筒中取出一片滤纸,试用3.3 g的水泥,要求压实水泥层。再在圆筒上部空间注入水银,用上述方法除去气泡、压平、倒出水银称量,重复几次,直到水银称量值相差小于50 mg为止。

圆筒内试料层体积 V 按下式计算,精确到0.005 m^3。

$$V = (P_1 - P_2)/\rho_{水银}$$

式中 V——试料层体积,cm^3；

P_1——未装满水泥时,充满圆筒的水银质量,g；

P_2——充装满水泥后,充满圆筒的水银质量,g；

$\rho_{水银}$——试验温度下,水银的密度,g/cm^3。

试料层体积的测定,至少应进行两次,每次单独压实,取两次数值相差不超过0.005 cm^3 的平均值,并记录测定过程中圆筒附近的温度。每隔一季度至半年应重新校正试料层体积。

(3)试样准备:水泥试样应先通过0.9 mm方孔筛,在110 ℃ ±5 ℃下烘干,并在干燥器中冷却至室温。

(4)将110 ℃ ±5 ℃下烘干并在干燥器中冷却至室温的标准试样,倒入100 mL的密闭瓶内,用力摇动2 min,将结块成团的试样压碎,使试样松散。静置2 min,打开瓶盖,轻轻搅拌,使在松散过程中落到表面的细粉分布到整个试样中。

(5)确定试样量:校正试验用的标准试验量和被测定的水泥量,应达到在制备的试料层中空隙率为0.05% ±0.05%,计算式为:

$$W = \rho \times V \times (1 - \varepsilon)$$

式中 W——需要的试样量,g；

ρ——式样密度,g/cm^3；

V——试料层体积,cm^3；

ε——试料层空隙率。

(6)试料层准备:将穿孔板放入透气圆筒的突缘上,用一根直径比圆筒略小的细棒把一片滤纸送到孔板上,边缘压紧。称取确定的水泥量,精确到0.001 g,倒入圆筒内,轻敲圆筒的边,使水泥表面平坦。再放入一片滤纸,用捣器均匀捣实试料直至捣器的支持环紧紧接触圆筒顶边并旋转两周,慢慢取出捣器。

(7)把装有试料层的透气圆筒连接到U型压力计上,要保证紧密连接不漏气,并不振动所制备的试料层。

(8)启动抽气装置:慢慢从压力计中抽气,直到压力计内液面上升至扩大部下端时,关闭阀门。当压力计内液面的凹面下降到第一个刻线时开始计时,当液面的凹面下降到第二个刻线时停止计时,记录液面从第一条刻度到第二条刻度线所需的时间。以秒记录,并记录试验时的温度。

3. 试验结果

(1)当被测物料的密度、试料层中空隙率与标准试样相同,试验时的温差不同时,水泥的比表面积分别按下式计算:

试验时温差≤±3 ℃时,计算公式:$S=S_S\sqrt{T}/\sqrt{T_S}$

试验时温差>±3 ℃时,计算公式:$S=S_S\sqrt{T}\sqrt{\eta_S}/\sqrt{T_S}\sqrt{\eta}$

式中 S——被测试样的比表面积,cm^3/g;

S_S——标准试样的比表面积,cm^3/g;

T——被测试样试验时,压力计中液面降落测得的时间,s;

T_S——标准试样试验时,压力计中液面降落测得的时间,s;

η——被测试样试验温度下的空气黏度,Pa·s;

η_S——标准试样试验温度下的空气黏度,Pa·s。

(2)当被测试样的试料层中空隙率与标准试样试料层中空隙率不同,试验时的温差不同时,水泥的比表面积分别按下式计算:

试验时温差≤±3 ℃时,计算公式:$S=\dfrac{S_s\sqrt{T}(1-\varepsilon_s)\sqrt{\varepsilon^3}}{\sqrt{T_S}(1-\varepsilon)\sqrt{\varepsilon_s^3}}$

试验时温差>±3 ℃时,计算公式:$S=\dfrac{S_s\sqrt{T}(1-\varepsilon_s)\sqrt{\varepsilon^3}\sqrt{\eta_s}}{\sqrt{T_S}(1-\varepsilon)\sqrt{\varepsilon_s^3}\sqrt{\eta}}$

式中 ε——被测试样试料层中的空隙率;

ε_s——标准试样试料层中的空隙率。

(3)当被测试样的密度和空隙率均与标准试样不同,试验时的温差不同时,水泥的比表面积分别按下式计算:

试验时温差≤±3 ℃时,计算公式:

$$S=\frac{S_s\sqrt{T}(1-\varepsilon_s)\sqrt{\varepsilon^3}\rho_s}{\sqrt{T_s}(1-\varepsilon)\sqrt{\varepsilon_s^3}\rho}$$

试验时温差>±3 ℃时,计算公式:

$$S=\frac{S_s\sqrt{T}(1-\varepsilon_s)\sqrt{\varepsilon^3}\rho_s\sqrt{\eta_s}}{\sqrt{T_s}(1-\varepsilon)\sqrt{\varepsilon_s^3}\rho\sqrt{\eta}}$$

式中 ρ——被测试样的密度,g/cm^3;

ρ_s——标准试样的密度,g/cm^3。

(4)水泥比表面积应由二次透气试验结果的平均值确定。如果二次试验结果相差2%以上,应重新试验。计算精确至10 cm^2/g,10 cm^2/g以下的数值按四舍五入计。

(5)水银密度、空气黏度η,见表3-5。

表3-5 不同温度下水银密度、空气黏度η

室温(℃)	水银密度(g/cm^3)	空气黏度η(Pa·s)	室温(℃)	水银密度(g/cm^3)	空气黏度η(Pa·s)
8	13.58	0.000 174 9	22	13.54	0.000 181 8
10	13.57	0.000 175 9	24	13.54	0.000 182 8
12	13.57	0.000 176 8	26	13.53	0.000 183 7
14	13.56	0.000 177 8	28	13.53	0.000 184 7
16	13.56	0.000 177 8	30	13.52	0.000 185 7
18	13.55	0.000 179 8	32	13.52	0.000 186 7
20	13.55	0.000 180 8	34	13.51	0.000 187 6

三、水泥标准稠度用水量

采用标准:《水泥标准稠度用水量、凝结时间安定性检验方法》(GB/T 1346—2001)。

(一)试验仪器设备

(1)水泥净浆搅拌机;

(2)标准法维卡仪;

(3)试模;

(4)其他:量水器(最小刻度0.1 ml)、天平、小刀等。

(二)试验步骤

(1)调整维卡仪并检查水泥净浆搅拌机。使维卡仪上的金属棒能自由滑动,并调整至试杆接触玻璃板时的指针对准零点。搅拌机运行正常,并用湿布将搅拌锅和搅拌叶片擦湿。

(2)称取水泥试样500 g,拌和水量按经验确定并用量筒量好。

(3)将拌和水倒入搅拌锅内,然后在5~10 s内将水泥试样加入水中。将搅拌锅放在锅座上,升至搅拌位,启动搅拌机,先低速搅拌120 s,停15 s,再快速搅拌120 s,然后停机。

(4)拌和结束后,立即将水泥净浆装入已置于玻璃底板上的试模中,用小刀插捣,轻轻振动数次排出气泡,刮去多余净浆;抹平后迅速将试模和底板移到维卡仪上,调整试杆至与水泥净浆表面接触,拧紧螺丝,然后突然放松,试杆垂直自由地沉入水泥净浆中。

(5)在试杆停止沉入或释放试杆30 s时,记录试杆距底板之间的距离。整个操作应在搅拌后1.5 min内完成。

(三)试验结果

以试杆沉入净浆并距底板6 mm±1 mm的水泥净浆位标准稠度水泥净浆。标准稠度用水量(P)以拌和标准稠度水泥净浆的水量,除以水泥试样总质量的百分数来表示。

四、水泥净浆凝结时间测定

采用标准:《水泥标准稠度用水量、凝结时间、安定性检验方法》(GB/T 346—2011)。

(一)试验仪器设备

(1)标准法维卡仪;

(2)湿气养护箱;

(3)其他仪器设备同标准稠度用水量测定。

(二)试验步骤

(1)称取水泥试样 500 g,按标准稠度用水量制备标准稠度水泥净浆,并一次装满试模,振动数次刮平,立即放入湿气养护箱中。记录水泥全部加入水中的时间,作为凝结时间的起始时间。

(2)测定初凝时间。

①调整凝结时间测定仪,使其试针接触玻璃板时的指针为零。

②试模在湿气养护箱中,养护至加水后 30 min 时进行第一次测定:将试模放在试针下,调整试针与水泥净浆表面接触,拧紧螺丝 1 ~ 2 s 后突然放松,试针垂直自由地沉入水泥净浆。

③观察试针停止下沉或释放指针 30 s 时指针的读数。

④临近初凝时,每隔 5 min 测定一次,当试针沉至距底板 4 mm ± 1 mm 时为水泥到初凝状态。

(3)测定终凝时间。

①在试针上安装一个环形附件。

②在完成水泥初凝时间测定后,立即将试模连同浆体以平移的方式从玻璃板取下,翻转 180°,直径大端向上,小端向下放在玻璃板上,再放入湿气养护箱中继续养护。

③临近终凝时间间隔时,每隔 15 min 测定一次。

④达到初凝或终凝时,应立即重复一次,当两次结论相同时才能定为到达初凝或终凝状态。每次测定不能让试针落入原针孔,每次测定后,须将试模放回湿气养护箱内,并将试针擦净,而且要防止试模受振。

(三)试验结果

(1)由水泥全部加入水中至初凝状态的时间,为水泥的初凝时间,用“min”表示。

(2)由水泥全部加入水中至终凝状态的时间,为水泥的终凝时间,用“min”表示。

五、水泥体积安定性测定

采用标准:《水泥标准稠度用水量凝结时间、安定性检验方法》(GB/T 1346—2011)。

水泥体积安定性的检测采用沸煮法,沸煮法又分雷氏法和试饼法两种。如两种方法检测的结果有争议,以雷氏法为准。

(一)试验仪器设备

(1)雷氏夹膨胀测定仪;

(2)雷氏夹;

(3)煮沸箱;

(4)湿气养护箱;

(5)其他仪器设备同标准稠度用水量测定。

(二)试验步骤

(1)准备工作:每个试样需成型两个试件,每个雷氏夹需配备两块质量为75~85 g的玻璃板,一垫一盖,并先在与水泥接触的玻璃板和雷氏夹表面涂一层机油。

(2)将制备好的标准稠度水泥净浆立即一次装满雷氏夹,用小刀插捣数次,抹平,并盖上涂油的玻璃板,然后将试件移至湿气养护箱内养护24±2 h。

(3)脱去玻璃板取下试件,先测量雷氏夹指针尖的距离(A),精确至0.5 mm。然后将试件放入煮沸箱水中的试件架上,指针朝上,调好水位与水温,接通电源,停留时间30 min±5 min。

(4)取出煮沸后冷却至室温的试件,用雷氏夹膨胀测定仪测量试件雷氏夹两指针尖的距离(C),精确至0.5 mm。

(三)试验结果

当两个试件的膨胀值(试件煮沸后增加的距离:C-A)的平均值不大于5.0 mm时,即认为水泥安定性合格。当两个试件的C-A值相差超过4.0 mm时,应用同一样品立即重做一次试验,再如此,则认为水泥为安定性不合格。

六、水泥胶砂强度

采用标准:《水泥胶砂强度检验方法(ISO法)》(GB/T 17671—1999)。

(一)试验仪器设备

(1)水泥胶砂搅拌机;

(2)胶砂振实台;

(3)试模;

(4)抗折试验机;

(5)抗压试验机。

(二)水泥胶砂组成材料

(1)中国ISO标准砂;

(2)水泥;

(3)水。

(三)试验步骤

1.制作水泥胶砂试件

(1)成型前将试模擦净,四周的模板与底板接触面上应涂黄油,紧密装配,防止漏浆,内壁均匀刷一薄层机油。

(2)胶砂的质量配合比为:水泥:砂:水=1:3:0.5。

(3)胶砂搅拌时先把水加入锅里,再加入水泥,把锅放在固定架上,上升至固定位置,立即开动机器,搅拌30 s开始的同时均匀地将砂子加入。当各级砂是分装时,从最粗级开始依次将所需的每级砂量加完。把机器转至高速再拌30 s,停拌90 s,在第一个15 s内用一胶皮刮具将叶片和锅壁上的胶砂刮入锅中间,在高速下继续搅拌60 s,各个搅拌阶段的时间误差应在±1 s内。

（4）胶砂搅拌后立即进行成型。

2. 试体养护

（1）将试模放入雾室或湿箱的水平架子上养护，一直养护到规定的脱模时间取出脱模，对于 24 h 龄期的，应在试验前 20 mm 内脱模；对于 24 h 以上龄期的，应在 20 ~ 24 h 之间脱模，脱模前用防水墨汁或颜料对试体进行编号和做其他标记。两个龄期以上的试体，在编号时应将同一试体分在两个以上龄期内。

（2）将做好标记的试体水平或垂直放在 20 ℃ ±1 ℃水中养护，水平放置时刮平面应朝上，养护期间试体之间间隔或试体上表面的水深不得小于 5 mm。

3. 强度试验

（1）各龄期的试体必须在表 3-6 中规定的时间内进行强度试验。试体从水中取出后，在强度试验前应用湿布覆盖。

表 3-6　各龄期强度试验时间规定

龄期	24 h	48 h	72 h	7 d	28 d
时间	24 h ±15 min	48 h ±30 min	72 h ±45 min	7 d ±2 h	28 d ±8 h

（2）抗折强度试验。将试件安放在抗折夹具内，试件的侧面与试验机的支撑圆柱接触，试件长轴垂直于支撑圆柱，启动试验机，以（50 ±10）kN/s 的速度均匀地加荷载，直至试体断裂，记录最大抗折破坏荷载（N）。

（3）抗压强度试验。抗折强度试验后的六个断块试件保持潮湿状态，并立即进行抗压试验。将断块试件放入抗压夹具内，并以试件的侧面作为受压面，启动试验机，以（2.4 ± 0.2）kN/s 的速度进行加荷载，直至试件破坏，记录最大抗压破坏荷载（N）。

（四）试验结果

（1）按下式计算每个试件的抗折强度 $f_{ce,m}$（MPa），精确至 0.1 MPa

$$f_{ce,m} = \frac{3FL}{2b^3} = 0.002\ 34F$$

式中　$f_{ce,m}$——水泥胶砂试件的抗折强度，MPa；

F——折断时施加于棱柱体中部的荷载，N；

L——支撑圆柱体之间的距离，mm，L =100 mm；

b——棱柱体截面正方形的边长，mm，b =40 mm。

以一组的三个试件抗折结果的平均值作为试验结果。当三个强度值中有超出平均值 ±10% 时，应剔除后再取平均值作为抗折强度试验结果，精确至 0.1 MPa。

（2）按下式计算每个试件的抗压强度 $f_{ce,c}$（MPa），精确至 0.1 MPa

$$f_{ce,c} = \frac{F}{A} = 0.000\ 625F$$

式中　$f_{ce,c}$——水泥胶砂试件的抗压强度；

F——试件破坏时的最大抗压荷载，N；

A——受压部分面积，mm^2，A =40 mm ×40 mm =1 600 mm^2。

以一组三个棱柱体上得到的六个抗压强度测定值的算术平均值，作为试验结果。如六个测定值中有一个超出六个平均值的 ±10%，就应该剔除这个结果，而以剩下五个的平均值作为结果。如五个测定值中再有超过它们平均值 ±10% 的,则此组结果作废,结果精确至 0.1 MPa。

七、水泥胶砂流动度测定

采用标准:《水泥胶砂流动度测定方法》(GB/T 2419—2005)。

(一)试验设备

(1)水泥胶砂搅拌机;

(2)跳桌;

(3)捣棒;

(4)截锥圆模;

(5)模套;

(6)卡尺。

(二)试验步骤

(1)准备胶砂:一次试验的材料称量为水泥 540 g、标准砂 1 350 g,水按规定水灰比计算。然后按水泥胶砂强度检验方法中的规定,拌好水泥胶砂。

(2)用湿布将跳桌台面、捣棒、截锥圆模和模套内壁擦拭,并置于玻璃板中心,盖上湿布。

(3)将拌和好的水泥胶砂分两层迅速装入模内,第一层装至截锥圆模高的 2/3,用小刀在垂直两个方向各插划 5 次,再用捣棒自边缘至中心均匀捣压 15 次;装第二层时,水泥胶砂要高出圆模约 20 mm,用小刀插划 10 次,再用捣棒自边缘至中心均匀捣压 10 次。第一层捣压深度至胶砂高度的 1/2 处,第二层捣压深度不超过已捣实的低层表面。

(4)取下模套,用小刀刮去高出截锥圆模的胶砂,刮平,再将圆模轻轻提起。然后以 1 r/s 的速度连续摇动 30 r。

(5)跳动完毕,用卡尺测量水泥胶砂底部相垂直的两个方向上的扩散直径。

(三)试验结果

取两垂直直径的平均值作为试验结果,水泥胶砂的流动度单位为 mm。

八、水泥密度测定

采用标准:《水泥密度测定方法》(GB/T 208—2014)。

(一)试验设备

(1)李氏瓶;

(2)无水煤油;

(3)恒温水槽。

(二)试验步骤

(1)将无水煤油注入李氏瓶中至 0 ~ 10 mL 刻度线后,盖上瓶塞放入恒温水槽内,使刻度部分浸入水中,水温应控制在李氏瓶刻度时的温度,恒温为 30 min 记下初始读数。

(2)从恒温水槽中,取出李氏瓶,用滤纸将李氏瓶细长颈内没有煤油的部分仔细擦干净。

(3)水泥试样应预先通过 0.90 mm 方孔筛,在 110 ℃ ±5 ℃温度下干燥 1 h,并在干燥器内冷却至室温。称取水泥 60 g,称准至 0.01 g。

(4)用小匙将水泥样品一点点装入李氏瓶中,恒温 30 min,记下第二次读数。

(5)第一次读数和第二次读数时,恒温水槽的温度差不大于 0.2 ℃。

(三)试验结果

(1)水泥体积应为第二次读数减去第一次读数,即水泥所排开的无水煤油的体积(mL)。

(2)按下式计算水泥密度 ρ

$$\rho = \frac{m}{V}$$

式中 ρ——水泥密度,g/cm^3;

m——水泥的质量,g;

V——排开的体积,cm^3。

结果计算到小数第三位,且取有效数字到 0.01 g/cm^3,试验结果取两次测定结果的算术平均值,两次测定结果之差不得超过 0.02 g/cm^3。

九、水泥压蒸安定性试验

采用标准:《水泥压蒸安定性试验方法》(GB/T 750—1992)。

水泥压蒸安定性试验,主要是检验由于方镁石水化可能引起的水泥体积不均匀变化,从而造成水泥体积安定性不良。本方法适用于通用水泥及其他指定采用本方法的水泥品种的压蒸安定性试验。

(一)试验设备

(1)25 mm×25 mm×280 mm 试模,钉头,捣棒以及比长仪;

(2)水泥净浆搅拌机;

(3)沸煮箱;

(4)压蒸釜。

(二)试验步骤

1. 制作试件

(1)试模准备:试验前在试模内涂抹机油,并将钉头装入模槽两端的圆孔内,钉头外露部分不沾机油。

(2)水泥标准稠度净浆制备:每个试样应称取水泥 800 g,用标准稠度用水量拌制成型两条试件。

(3)试体成型:将拌好的水泥净浆分两层装入试模内。第一层装入高度约为试模的 3/5,用小刀划插数次,然后用 23 mm×23 mm 捣棒由钉头的内侧从一端向另一端顺序捣压 10 次,往返共捣压 20 次,再用缺口捣棒,在钉头两侧顺序捣压 12 次,往返共捣压 24 次。捣压完毕后,将多余浆体装到模上,放入养护箱中,温度 20 ℃ ±1 ℃,相对湿度 90% 以上,养护 3~5 h 后,将多余浆体刮去抹平、编号,继续放入养护箱中养护 24 h 脱模。

2. 试件沸煮

(1)初长测量:试件脱模后立即用比长仪测量试件的初长(L_0),结果精确至 0.001 mm。

(2)沸煮:测完初长的试件平放在沸煮箱试架上,按水泥体积安定性试验,煮沸 3.5 h,

需要时也可测量试件的长度。

3. 试件压蒸

(1)沸煮试验后的试件,放在20 ℃ ±2 ℃的水中养护,并在4 d内完成压蒸试验。

(2)压蒸前将试件在室温下按一定间隙(1 ~2 mm)放在试件支架上,试件不应接触水面。

(3)加热初期应打开放气阀,让釜内空气排出,直至有大量气体放出后关闭。从加热开始经45 ~75 min达到表压2.0 MPa ±0.05 MPa,在该压力下保持压蒸3 h后,切断电源,90 min内使压蒸釜内压力降至低于0.1 MPa,然后轻启放气阀,排出釜内剩余蒸汽。

(4)打开压蒸釜,取出试件立即置入90 ℃以上热水中,徐徐在热水中加入冷水,15 min内使水温降至室温,继续冷却15 min,取出试件擦净,按要求测量试件的长度(L_1)。如发现试件弯曲、过长、龟裂等应做记录。

(三)试验结果

按下式计算水泥净浆试件膨胀率,精确至0.01%。

$$L_A = (L_1 - L_0)/L \times 100\%$$

式中 L_A——试件压蒸膨胀率(%);

L——试件有效长度,250 mm;

L_0——试件脱模后测量的初长,mm;

L_1——试件压蒸后测量的长度,mm。

试验结果以两条试件的平均值作为测试值,并计算至0.01%。当试件的膨胀率与平均测试值相差超过±10%时,应重做。

普通硅酸盐水泥、矿渣硅酸盐水泥、火山灰质硅酸盐水泥、粉煤灰硅酸盐水泥的压蒸膨胀率不大于0.50%,硅酸盐水泥的压蒸膨胀率不大于0.80%时,为体积安全性合格,反之为不合格。

第四节　水泥验收和贮存

一、水泥验收

水泥是一种有效期短、质量极易变化的材料。因此,进入施工现场时必须进行验收,以检验水泥是否合格。水泥的验收主要包括包装标志验收、数量验收、质量验收。

(一)包装标志验收

水泥的包装有袋装和散装两种。散装水泥一般采用散装运输,输送车运输至施工现场,采用气动输送至散装水泥贮仓中贮存。散装与袋装相比,免去了包装,可减少纸袋塑料的使用,符合绿色环保,且能节约包装费用,降低成本。散装水泥直接由水泥厂供货,质量容易保证。

袋装水泥采用多层纸袋或多层塑料编织袋包装,袋上应清楚标明:执行标准、水泥品种、代号、强度等级、生产者名称、生产许可证标志(QS)及编号、出厂编号、包装日期、净含量。包装袋两侧还应印有水泥名称、强度等级。硅酸盐水泥和普通硅酸盐水泥的印刷应采用红色;矿渣硅酸盐水泥的印刷应采用绿色;火山灰质硅酸盐水泥、粉煤灰硅酸盐水泥和复合硅酸盐水泥的印刷应采用黑色或蓝色。

散装水泥在供应时必须提交与袋装水泥标志相同内容的卡片。

(二)数量验收

袋装水泥每袋净含量为 50 kg,且不得少于标志质量的 99%,随机抽取 20 袋总质量(含包装袋)不得少于 1 000 kg。其他包装形式由供需双方协商确定,但有关袋装质量要求,必须符合上述原则规定。

(三)质量验收

1. 检查出厂合格证和出厂检验报告

水泥出厂应有水泥生产厂家的出厂合格证,内容包括厂别、品种、出厂日期、出厂编号和试验报告。试验报告内容,应包括相应水泥标准规定的各项技术要求及试验结果,助磨剂、工业副产品石膏、混合材料的名称和掺加量,属旋窑或立窑生产。水泥厂应在水泥发出之日起,7 d 内寄出除 28 d 强度以外的各项试验结果。28 d 强度数值,应在水泥发出日起 32 d 内补齐。

水泥交货时的质量验收,可抽取实物试样以其检验结果为依据,也可以以水泥厂同编号水泥的试验报告为依据。采用何种方法验收由买卖双方商定,并在合同或协议中注明。

以水泥厂同编号水泥的试验报告为验收依据时,在发货前或交货时,买方在同编号水泥中抽取试样,双方共同签封后保存三个月;或委托卖方在同编号水泥中抽取试样,签封后保存三个月。三个月内,买方对质量有疑问时,则买卖双方应将签封的试样,送有关监督检验机构进行仲裁检验。

以抽取实物试样的检验结果为验收依据时,买卖双方应在发货前或交货地共同取样和签封。取样方法按 GB 12573 中的要求进行,取样数量为 20 kg,缩分为二等份。一份由卖方保存 40 d,一份由买方按相应标准规定的项目和方法进行检验。在 40 d 以内,买方检验认为产品质量不符合相应标准要求,而卖方又有异议时,则双方应将卖方保存的另一份试样,送交有关监督检验机构进行仲裁检验。

2. 复验

按照《混凝土结构工程施工质量验收规范》(GB 50204—2015)以及工程质量管理的有关规定,用于承重结构的水泥,用于使用部位有强度等级要求的混凝土用水泥,或水泥出厂超过三个月(快硬硅酸盐水泥为超过一个月)和进口水泥,在使用前必须进行复验,并提供试验报告。水泥抽样复验应符合见证取样送检的有关规定。

水泥复验的项目,在水泥标准中作了规定,包括不溶物、氧化镁、三氧化硫、烧失量、细度、凝结时间、安定性、强度和碱含量九个项目。水泥生产厂家在水泥出厂时,已经提供了标准规定的有关技术要求的试验结果,通常复验项目只检测水泥的安定性、凝结时间和胶砂强度三个项目。

3. 仲裁检验

水泥出厂后三个月内,如购货单位对水泥质量提出疑问或施工过程中出现与水泥质量有关的问题需要仲裁检验时,用水泥厂同一编号水泥的封存样进行。

若用户对体积安定性、初凝时间有疑问,要求现场取样仲裁时,生产厂应在接到用户要求后,7 d 内会同用户共同取样,送水泥质量监督检验机构检验。生产厂在规定的时间内不去现场,用户可单独取样送检,结果同等有效。仲裁机构由国家指定的省级以上水泥质量监督机构进行。

二、水泥质量等级

建筑工程中，按标准《通用水泥质量等级》(JC/T 452—2009)可将通用水泥分为优等品、一等品和合格品三个质量等级，见表3-7。

表3-7　通用水泥的质量等级

技术指标	优等品		一等品		合格品
	硅酸盐水泥、复合水泥、石灰石硅酸盐水泥	矿渣水泥、火山灰水泥、粉煤灰水泥	硅酸盐水泥、复合水泥、石灰石硅酸盐水泥	矿渣水泥、火山灰水泥、粉煤灰水泥	通用水泥各品种
抗压强度(MPa) 3 d,≥	32.0	28.0	26.0	22.0	符合通用水泥各品种的质量标准要求
抗压强度(MPa) 28 d,≥	56.0	56.0	46.0	46.0	
抗压强度(MPa) 28 d,≤	1.1 $\overline{R}$	1.1 $\overline{R}$	1.1 $\overline{R}$	1.1 $\overline{R}$	
终凝时间(h),≤	6.5	6.5	6.5	6.5	

注：$\overline{R}$为同品种、同强度等级水泥的28 d抗压强度上月平均值。

所有技术性能指标符合国家质量标准的水泥，为合格品水泥，这类水泥可以按照设计的要求正常使用。若有某些技术性能不能满足其质量标准的要求时，则可能为不合格品或废品。

1. 不合格品水泥

一般通用水泥中的细度、终凝时间、不溶物和烧失量中的任一项不符合标准规定，或混合材料掺加量超过最大限量，或强度低于商品水泥强度等级规定值时，则判断为不合格品。另外，水泥包装标志中水泥的品种、强度等级、工厂名称和出厂编号不全的也判断为不合格品。

不合格品水泥在建筑工程中可以降低标准使用。如强度指标不合格可降低等级使用，或用于工程次要受力部位(如做基础的垫层)等。

2. 废品水泥

一般通用水泥中的氧化镁含量、三氧化硫含量、初凝时间、安定性中的任何一项不符合标准规定，或强度低于该品种水泥最低强度等级规定值时，均判断为废品。

废品水泥严禁在建筑工程中使用。

三、水泥贮存

水泥进入施工现场后，必须妥善保管，一方面不能使水泥变质，使用后能够确保工程质量；另一方面可以减少水泥的浪费，降低工程造价。保管时需注意以下几个方面：

(1)不同品种和不同强度等级的水泥要分别存放，如果导致混合使用，水泥性能可能会大幅度降低。

(2)防水防潮，做到“上盖下垫”。水泥临时库房应设置在通风、干燥、屋面不渗漏、地面排水通畅的地方。袋装水泥平放时，离地、离墙200 mm以上堆放。

(3)袋装水泥一般采用水平叠放,堆垛不宜过高,一般不超过 10 袋,场地狭窄时最多不超过 15 袋。堆放过高容易使包装袋破裂,造成水泥浪费。

(4)贮存期不能过长,通用水泥贮存期不超过 3 个月,若超过 3 个月,水泥会受潮,强度大幅度降低,影响使用。过期水泥应进行复验,并按复验结果使用,但不允许用于重要工程和工程的重要部位。

第四章　混凝土试验

第一节　混凝土配合比

一、相关标准

采用标准:《普通混凝土配合比设计规程》(JGJ 55—2011)。

混凝土配合比,是根据原材料的性能和混凝土技术要求进行计算,经试配调整后确定的各组成之间的比例(一般为质量比)关系。

二、混凝土配合比设计的基本要求

(1)满足混凝土工程结构设计或工程进度的强度要求;

(2)满足混凝土工程施工的和易性要求;

(3)保证混凝土在自然环境及使用条件下的耐久性要求;

(4)在保证混凝土工程质量的前提下,合理地使用材料,降低成本。

三、混凝土配合比设计中的三个重要参数

1. 水灰比

水灰比,即单位体积混凝土中水与水泥用量之比。

在混凝土配合比设计中,当所用水泥强度等级确定后,水灰比是决定混凝土强度的主要因素。

2. 用水量

用水量,即单位体积混凝土中水的用量。

在混凝土配合比设计中,用水量不仅决定了混凝土拌和物的流动性和密实性等,而且当水灰比确定后,用水量一经确定,水泥用量也随之确定。

3. 砂率

砂率,即单位体积混凝土中砂与砂、石总量的重量比。

在混凝土配合比设计中,砂率的选定不仅决定了砂、石各自的用量,而且和混凝土的和易性有很大关系。

四、混凝土配合比设计的技术要求

1. 混凝土的最大水胶比和最小水泥用量

根据混凝土结构所处的环境条件,综合考虑其耐久性要求,混凝土的最大水胶比应符合现行国家标准《混凝土结构设计规范》(GB 50010—2010)的规定;除配指 C5 及其以下强度等级的混凝土外,混凝土的最小胶凝材料用量应符合表 4-1 规定。

表 4-1　混凝土的最小胶凝材料用量表

最大水胶比	最小胶凝材料用量(kg/m^3)		
	素混凝土	钢筋混凝土	预应力混凝土
0.60	250	280	300
0.55	280	300	300
0.50	320		
≤0.45	330		

2. 混凝土中矿物掺和料最大掺量

矿物掺和料在混凝土中的掺量应通过试验确定,采用硅酸盐水泥或普通硅酸盐水泥时,钢筋混凝土中矿物掺和料最大掺量,宜符合表 4-2 的规定,预应力混凝土中矿物掺和料最大掺量,宜符合表 4-3 的规定。对基础大体积混凝土,粉煤灰、粒化高炉矿渣粉和复合掺和材料的最大掺量可增加 5%。采用最大掺量大于 30% 的 C 类粉煤灰的混凝土应以实际使用的水泥和粉煤灰掺量进行安定性检验。

表 4-2　钢筋混凝土中矿物掺和料最大掺量

矿物掺和料种类	水胶比	最大掺量(%)	
		采用硅酸盐水泥时	采用普通硅酸盐水泥时
粉煤灰	≤0.4	45	35
	>0.4	40	30
粒化高炉矿渣粉	≤0.4	65	55
	>0.4	55	45
钢渣粉	—	30	20
磷渣粉	—	30	20
硅灰	—	10	10
复合掺和料	≤0.4	65	55
	>0.4	55	45

注:1. 采用其他普通硅酸盐水泥时,宜将水泥混合料掺量 20% 以上的混合材料计入矿物掺和料;
2. 复合掺和料各组分的掺量,不宜超过单掺时的最大掺量;
3. 在混合使用两种或两种以上的矿物掺和料时,矿物掺和料总掺量应符合表中复合掺和料的规定。

表 4-3　预应力混凝土中矿物掺和料最大掺量

矿物掺和料种类	水胶比	最大掺量(%)	
		采用硅酸盐水泥时	采用普通硅酸盐水泥时
粉煤灰	≤0.4	35	30
	>0.4	25	20
粒化高炉矿渣粉	≤0.4	55	45
	>0.4	45	35
钢渣粉	—	20	10
磷渣粉	—	20	10
硅灰	—	10	10
复合掺和料	≤0.4	55	45
	>0.4	45	35

注:1. 采用其他普通硅酸盐水泥时,宜将水泥混合料掺量20%以上的混合材料计入矿物掺和料;
2. 复合掺和料各组分的掺量,不宜超过单掺时的最大掺量;
3. 在混合使用两种或两种以上的矿物掺和料时,矿物掺和料总掺量应符合表中复合掺和料的规定。

3. 混凝土拌和物中对氯离子、含气量的要求

(1)混凝土拌和物中水溶物对氯离子最大含量应符合表4-4的规定。

表 4-4　混凝土拌和物中水溶物氯离子最大含量

环境条件	水溶性氯离子最大含量(%,水泥用量的质量百分比)		
	钢筋混凝土	预应力混凝土	素混凝土
干燥环境	0.30	0.06	1.00
潮湿但不含氯离子的环境	0.20		
潮湿且含氯离子的环境,盐渍土	0.10		
除冰盐等侵蚀性物质的腐蚀环境	0.06		

(2)长期处于潮湿或水位变动的寒冷和严寒环境,以及盐冻环境的混凝土应掺用引气剂。引气剂掺量应根据混凝土含气量要求经试验确定,混凝土最小含气量应符合表4-5的规定,最大不宜超过7.0%。

表 4-5　混凝土最小含气量

粗骨料最大粒径(mm)	混凝土最小含气量(%)	
	潮湿或水位变动的寒冷和严寒环境	盐冻环境
40.0	4.5	5.0
25.0	5.0	5.5
20.0	5.5	6.0

五、普通混凝土配合比设计

混凝土配合比设计应包括配合比计算、试配、调整和确定等步骤。配合比计算公式和有关参数表格中的数值，均系以干燥状态骨料（系指含水率小于 0.5% 的细骨料或含水率小于 0.2% 的粗骨料）为基准。当以饱和面干（骨料内部空隙含水达到饱和，而表面干燥的状态）骨料为基准进行计算时，则应做相应的修正。

（一）普通混凝土配合比计算

1. 计算混凝土配制强度（$f_{cu,0}$）

混凝土配制强度按下式计算：

$$f_{cu,0} \geqslant f_{cu,k} + 1.645\sigma$$

式中 $f_{cu,0}$——混凝土配制强度；

$f_{cu,k}$——混凝土立方体抗压强度标准值，MPa；

σ——混凝土强度标准差，MPa。

遇有下列情况时应提高混凝土配制强度：

（1）现场条件与实验室条件有显著差异时；

（2）C30 级及其以上强度等级的混凝土，采用非统计方法评定时。

混凝土强度标准差应根据同类混凝土统计资料计算确定，并应符合下列规定：

（1）计算时，强度试件组数不应少于 25 组。

（2）当混凝土强度等级为 C20 和 C25 级，其强度标准差计算值小于 2.5 MPa 时，计算配制强度用的标准差应取不小于 2.5 MPa；当混凝土强度等级等于 C30 或大于 C35 级，其强度标准差计算值小于 3.0 MPa 时，计算配制强度用的标准差应取不小于 3.0 MPa。

（3）当无统计资料混凝土强度标准差时，其混凝土强度标准差 σ 可按表 4-6 取用。

表 4-6 σ 值 （单位：N/mm）

混凝土强度等级	低于 C20	C20 ~ C35	高于 C35
σ	4.0	5.0	6.0

2. 计算水灰比

混凝土确定等级小于 C60 级时，混凝土水灰比（W/C）宜按下式计算：

$$W/C = \alpha_a \cdot f_{ce}(f_{cu,0} + \alpha_a \cdot \alpha_b f_{ce})$$

式中 α_a、α_b——回归系数；

f_{ce}——水泥 28 d 抗压强度实测值，MPa。

（1）当无水泥 28 d 抗压强度实测值时，公式中的 f_{ce} 值可按下式确定：

$$f_{ce} = \gamma_c \cdot f_{cu,g}$$

式中 γ_c——水泥强度等级值的富余系数，可按实际统计资料确定；

$f_{cu,g}$——水泥强度等级，MPa。

（2）f_{ce} 值也可根据 3 d 强度或快测强度推定 28 d 强度关系式推定得出。

（3）回归系数 α_a 和 α_b 宜按下列规定确定：

①回归系数 α_a 和 α_b 应根据工程所使用的水泥、骨料，通过试验由建立的水灰比与混凝

土强度关系式确定；

②当不具备上述试验统计资料时，其回归系数可按表4-7。

表4-7　回归系数 α_a、α_b 选用表

系数	石子品种	
	碎石	卵石
α_a	0.46	0.48
α_b	0.07	0.33

（4）计算出水灰比后应按表4-8核对是否符合最大水灰比的规定。

表4-8　混凝土的最大水灰比和最小水泥用量

环境条件		结构物类别	最大水灰比			最小水泥用量		
			素混凝土	钢筋混凝土	预应力混凝土	素混凝土	钢筋混凝土	预应力混凝土
1.干燥环境		正常的居住或办公用房屋内部件	不作规定	0.65	0.60	200	260	300
2.潮湿环境	无冻害	高湿度的室内部件、室外部件、非侵蚀性土和（或）水中的部件	0.70	0.60	0.60	225	280	300
	有冻害	经受冻害的室外部件、非侵蚀性土和（或）水中且经受冻害的部件、高湿度且经受冻害的室内部件	0.55	0.55	0.55	250	280	300
3.有冻害和除冰剂的潮湿环境		经受冻害和除冰剂作用的室内室外部件	0.50	0.50	0.50	300	300	300

注：1.当用活性掺和料取代部分水泥时，表中的最大水灰比及最小水泥用量即为替代前的水灰比和水泥用量；

2.配制C15级及其以下等级的混凝土，可不受本表限制。

3.确定单位用水量

（1）干硬性和塑性混凝土用水量的确定。

①水灰比在0.40～0.80范围时，根据骨料的品种、粒径及施工要求的混凝土拌和物稠度，其用水量可按表4-9及表4-10选取。

表 4-9　干硬性混凝土的用水量　（单位:kg/m³）

拌和物稠度		卵石最大粒径（mm）			碎石最大粒径（mm）		
项目	指标	10	20	40	16	20	40
维勃稠度（s）	16～20	175	160	145	180	170	155
	11～15	180	165	150	185	175	160
	5～10	185	170	155	190	180	165

表 4-10　塑硬性混凝土的用水量　（单位:kg/m³）

拌和物稠度		卵石最大粒径（mm）				碎石最大粒径（mm）			
项目	指标	10	20	31.5	40	16	20	31.5	40
坍落度（mm）	10～30	190	170	160	150	200	185	175	165
	35～50	200	180	170	160	210	195	185	175
	55～70	210	190	180	170	220	205	195	185
	75～90	215	195	185	175	230	215	205	195

注:1. 本表用水量采用中砂时的平均值。采用细砂时,每立方米混凝土用水量可增加 5～10 kg;
2. 掺用各种外加剂或掺和料时,用水量应相应调整。

②水灰比小于 0.40 的混凝土以及采用特殊成型工艺的混凝土用水量应通过试验确定。

(2)流动性和大流动性混凝土的用水量宜按下列步骤计算。

①以表 4-10 中坍落度 90 mm 的用水量为基础,按坍落度每增大 20 mm 用水量增加 5 kg,计算出未掺外加剂的混凝土用水量;

②掺外加剂时的混凝土用水量可按下式计算:

$$m_{wa} = m_{w0}(1-\beta)$$

式中　m_{wa}——掺外加剂混凝土每立方米混凝土的用水量,kg;

m_{w0}——未掺外加剂混凝土每立方米混凝土的用水量,kg;

β——外加剂的减水率,%。

③外加剂的减水率应按经验确定。

4. 确定单位水泥用量

每立方米混凝土的水泥用量(m_{c0})可按下式计算

$$m_{c0} = m_{w0}/(W/C)$$

式中　W/C——水灰比。

计算出每立方米混凝土的水泥用量后,应查表 4-8,检查是否符合最小水泥用量的要求。

5. 确定砂率

当无历史资料可参考时,混凝土砂率的确定应符合下列规定。

(1)坍落度为 10～60 mm 的混凝土砂率,可根据粗骨料品种、粒径及水灰比按表 4-11 选取。

表 4-11　混凝土的砂率　　(%)

水灰比(W/C)	卵石最大粒径(mm)			碎石最大粒径(mm)		
	10	20	40	16	20	40
0.40	26~32	25~31	24~30	30~35	29~34	27~32
0.50	30~35	29~34	28~33	33~38	32~37	30~35
0.60	33~38	32~37	31~36	36~41	35~40	33~38
0.70	36~41	35~40	35~40	39~44	38~43	36~41

注:1. 本表数值系中砂的选用砂率,对细砂或粗砂可相应地减少或增大砂率;

2. 只用一个单位即粗骨料配制混凝土时,砂率应适当增大;

3. 对薄壁构件,砂率取偏大值;

4. 本表中的砂率系指砂与骨料总量的重量比。

(2)坍落度大于 60 mm 的混凝土砂率,可经试验确定,也可在表 4-11 的基础上,按坍落度每增大 20 mm,砂率增大 1% 的幅度予以调整。

(3)坍落度小于 10 mm 的混凝土砂率,应经试验确定。

6. 计算单位粗骨料和细骨料用量

计算单位粗骨料和细骨料用量主要有质量法和体积法。

(1)质量法:该方法假定混凝土拌和物质量,等于其各种组成材料质量之和,可得:

$$m_{c0} + m_{g0} + m_{s0} + m_{w0} = m_{cp}$$

$$\beta_s = m_{s0}/(m_{g0} + m_{s0}) \times 100\%$$

式中　m_{c0}、m_{s0}、m_{g0}、m_{w0}——每立方米混凝土中水泥、砂、石子、水的质量,kg;

β_s——砂率,%;

m_{cp}——每立方米混凝土拌和物的假定质量,kg,可取 2 350~2 450 kg。

(2)体积法:该方法假定混凝土拌和物的体积等于各组成材料的体积与拌和物中所含空气的体积之和。如取混凝土拌和物的体积为 1 m^3,可得:

$$m_{c0}/\rho_c + m_{g0}/\rho_g + m_{s0}/\rho_s + m_{w0}/\rho_w + 0.01\alpha = 1$$

式中　ρ_c——水泥密度,kg/m^3,可取 2 900~3 100 kg/m^3;

ρ_g——粗骨料的表观密度,kg/m^3;

ρ_s——细骨料的表观密度,kg/m^3;

ρ_w——水的密度,kg/m^3,可取 1 000 kg/m^3;

α——混凝土的含气量百分数,在不使用引气型外加剂时,可取 1。

(二)试配

按初步计算配合比进行混凝土拌和物试配,试配时混凝土的搅拌量可按表 4-12 选取。

表 4-12　混凝土试配的最小搅拌量

骨料最大粒径(mm)	拌和物数量(L)
31.5 以下	15
40	25

试配时首先进行试拌，检查拌和物的性能。当拌和物坍落度或维勃稠度不满足要求，或黏聚性和保水性不好时，应在水灰比不变的条件下，调整用水量或砂率，直到符合要求，然后提出供混凝土强度试验用的基准配合比。

混凝土强度试验时，至少应采用三个不同的配合比。当采用三个配合比时，其中一个为上述确定的基准配合比，另外两个配合比的水灰比，宜较基准配合比分别增加和减少0.05；用水量与基准配合比相同，砂率可分别增加和减少1%。

（三）配合比的调整与确定

试验得出的混凝土强度与其相对应的灰水比（C/W）关系，用作图法或计算法求出与混凝土配制强度（$f_{cu,0}$）相对应的灰水比，按下列原则确定每立方米混凝土的材料用量：

（1）用水量（m_w）应在基准配合比用水量的基础上，根据制作强度试件时测得的坍落度或维勃稠度进行调整确定；

（2）水泥用量（m_c）应以用水量乘以选定出来的灰水比计算确定；

（3）粗骨料和细骨料用量（m_g和m_s）应在基准配合比粗骨料和细骨料用量的基础上，按选定的灰水比调整确定。

经试验确定配合比后，尚应按下列步骤校正：

（1）根据上述确定的材料用量按下式计算混凝土的表观密度计算值$\rho_{c,c}$。

$$\rho_{c,c} = m_c + m_g + m_s + m_w$$

（2）按下式计算混凝土校正系数δ。

$$\delta = \rho_{c,t}/\rho_{c,c}$$

式中 $\rho_{c,t}$——混凝土表观密度实测值，kg/m^3；

$\rho_{c,c}$——混凝土表观密度计算值，kg/m^3。

（3）当混凝土表观密度实测值与计算值之差的绝对值，不超过计算值的2%时，上述确定的配合比即为确定的设计配合比；当二者之差超过2%时，应将配合比中的每项材料用量均乘以校正系数δ，即为确定的设计配合比。

但遇有下列情况之一时，应重新进行配合比设计：

（1）对混凝土性能指标有特殊要求时；

（2）水泥、外加剂或矿物掺和料品种、质量有显著变化时；

（3）该配合比的混凝土生产间断半年以上时。

第二节　混凝土的主要技术性能

混凝土按是否硬化分为混凝土拌和物、硬化混凝土两个阶段。不同阶段的混凝土的技术性能要求不同。混凝土拌和物技术性能是和易性，硬化混凝土的技术性能有强度、耐久性和变形性能。

一、和易性

（一）概念

和易性指混凝土拌和物在一定的施工条件下（如设备、工艺、环境等）易于各工序（搅拌、运输、浇筑、捣实）施工操作，并能获得质量稳定、整体均匀、成型密实的硬化混凝土性能。和易性是一项综合性的技术性能，包括流动性、黏聚性、保水性三方面的性能。

流动性指混凝土拌和物在自重或机械振捣作用下，易于流动并均匀密实地填满模板的性能。流动性的大小，反映指混凝土拌和物的稀稠，直接影响浇捣施工的难易和混凝土的质量，流动性好，混凝土容易操作成型。

黏聚性指混凝土各组成材料之间有一定的黏聚力，使混凝土保持整体均匀完整和稳定的性能，在运输和浇筑过程中不致产生分层和离析现象。黏聚性差会影响混凝土的成型、浇筑质量，造成强度下降，耐久性不满足要求。

保水性指混凝土拌和物在施工过程中，具有一定的保持水分的能力而不致产生严重的泌水现象。保水性差的混凝土拌和物，因泌水会形成易透水的孔隙，使混凝土的密实性变差，强度和耐久性降低。

混凝土拌和物的和易性、流动性、保水性三者之间既相互联系，又相互矛盾。如黏聚性好则保水性一般也较好，但流动性可能较差；当增大流动性时，黏聚性和保水性往往会变差。因此，拌和物的和易性良好，一般是指这三方面性能在某种具体工作条件下达到统一，达到均为良好的状况。

（二）和易性的测定及评定

混凝土拌和物的和易性比较复杂，难以用一种简单的测定方法和指标来全面恰当地评价。根据我国现行标准《普通混凝土拌合物性能试验方法标准》规定，用坍落度法和维勃稠度法定量测定混凝土拌和物的流动性，并辅以直观经验评定黏聚性和保水性，以此综合评定和易性。

混凝土拌和物可根据其坍落度值大小，分为大流动性混凝土（坍落度≥160 mm）、流动性混凝土（坍落度值为 100 ~ 150 mm）、塑性混凝土（坍落度值为 50 ~ 90 mm）、低塑性混凝土（坍落度值为 10 ~ 40 mm）。当拌和物的坍落度值小于 10 mm 时，为干性混凝土，须用维勃稠度（s）表示其流动性。

（三）和易性的选用

混凝土拌和物的坍落度根据施工方法和结构条件（断面尺寸、钢筋分布情况），并参考有关资料加以选择。对无筋厚大结构、钢筋配置稀疏易于施工的结构，尽可能选用较小的坍落度，以节约水泥。反之，对断面尺寸较小、形状复杂或配筋特密的结构，则应选用较大的坍落度。一般在便于操作和保证捣实的条件下，尽可能选用较小的坍落度，以节约水泥，提高强度，获得质量合格的混凝土拌和物，可参考表 4-13 选择。

表 4-13　混凝土坍落度的适宜范围

项目	结构特点	坍落度（mm）
1	无筋厚大结构、钢筋配置稀疏的构件	10 ~ 30
2	板、梁和大型及中型截面的柱子	35 ~ 50
3	配筋较密的结构（薄壁、筒仓、细柱等）	55 ~ 70
4	配筋特密的结构	75 ~ 90

注：表中系指采用机械振捣的坍落度，当用人工捣实时可适当增大。当采用混凝土泵送混凝土拌和物时，可通过掺入高效减水剂等措施提高流动性，使坍落度达到 120 ~ 180 mm。

二、强度

（一）普通混凝土受压破坏的特点

混凝土受压一般有三种破坏形式：骨料先破坏；水泥石先破坏；水泥石与粗骨料的接合面发生破坏。普通混凝土中第一种破坏形式不可能发生，因拌制普通混凝土的骨料强度一般都大于水泥石。第二种仅会发生在骨料少而水泥石过多的情况下，一般配合比正常时也不会发生。最可能发生的受压破坏是第三种，即最早的破坏发生在水泥石与粗骨料的接合面上。水泥石与粗骨料的接合面由于水泥浆的泌水及水泥石的干缩存在着早期微裂缝，随着所加外荷载的逐渐加大，这些微裂缝逐渐加大发展，并迅速进入水泥石，最终造成混凝土的整体贯通开裂。因此，水泥石与粗骨料接合面的黏结强度就成为普通混凝土抗压强度的主要决定因素。

（二）强度指标

强度是混凝土硬化后的主要力学性能，并与其他性能关系密切。混凝土的强度指标见表4-14。

表4-14　混凝土强度指标及其作用

<table>
<tr><th>序号</th><th colspan="2">强度指标</th><th>主要作用</th></tr>
<tr><td rowspan="2">1</td><td rowspan="2">抗压强度</td><td>立方体抗压强度</td><td>判定混凝土质量的最主要依据</td></tr>
<tr><td>轴心抗压强度</td><td>混凝土结构设计的取值依据</td></tr>
<tr><td>2</td><td colspan="2">抗折强度</td><td>道路路面混凝土质量的主要判断依据</td></tr>
<tr><td>3</td><td colspan="2">劈裂抗拉强度</td><td>确定混凝土抗裂强度的重要指标</td></tr>
<tr><td>4</td><td colspan="2">混凝土与钢筋的黏结强度（又称握裹强度）</td><td></td></tr>
</table>

1. 立方体抗压强度

按照国家标准《普通混凝土力学性能试验方法标准》（GB/T 50081—2002）的规定，以边长为150 mm的立方体试件，标准养护条件（温度20 ℃ ±2 ℃，相对湿度≥90%）下养护28 d，进行抗压强度试验所测得的极限抗压强度称为混凝土的立方体抗压强度，以$f_{c,c}$表示。

混凝土的抗压强度试验也可根据粗骨料的最大粒径而采用非标准试件得出强度值，但必须经乘系数换算。换算系数见表4-15。

表4-15　混凝土试件尺寸及强度的尺寸换算系数

试件尺寸（mm）	强度的尺寸换算系数	最大粒径（mm）
100×100×100	0.95	≤31.5
150×150×150	1.00	≤40
200×200×200	1.05	≤63.0

2. 轴心抗压强度

立方体抗压强度是评定混凝土质量的依据，实际工程中绝大多数混凝土构件是棱柱体或圆柱体。同样的混凝土，试件形状不同，测出的强度会有较大差别。为与实际情况相符，结构设计中采用混凝土的轴心抗压强度，作为混凝土轴心受压构件设计强度取值依据。混凝土轴心抗压强度是采用150 mm×150 mm×300 mm的棱柱体标准试件，在标准养护条件下所测得的28 d抗压强度值，以$f_{c,p}$表示。根据大量的试验资料统计，轴心抗压强度与立方体抗压强度之间的关系为：

$$f_{c,p} = (0.7 \sim 0.8) f_{c,c}$$

（三）立方体抗压强度标准值和强度等级

影响混凝土强度的因素非常复杂，大量的统计分析和试验研究表明，同一等级的混凝土，在龄期、生产工艺和配合比基本一致的条件下，其强度呈正态分布。立方体抗压强度的标志值是指按标准试验方法测得的立方体抗压强度总体分布中的一个值，强度低于该值的百分率不超过5%（具有95%的强度保证率）。

为便于设计和施工选用混凝土，将混凝土按立方体抗压强度标准值分成若干等级，即强度等级。混凝土的强度等级采用符号C和立方体抗压强度标准值表示，普通混凝土划分为C10、C15、C20、C25、C30、C35、C40、C45、C50、C55、C60、C65、C70、C75、C80，15个等级。

三、耐久性

混凝土的耐久性是指混凝土在所处环境及使用条件下，经久耐用的性能。环境（如空气、水的作用，温度变化，阳光辐射、侵蚀性介质作用等）对混凝土的物理和化学作用以及混凝土抵抗环境作用的能力，是影响混凝土结构耐久性的因素。

混凝土的耐久性是一个综合性概念，它包括的内容很多，如抗渗性、抗冻性、抗腐性、抗碳化能力、抗碱集料反应等。这些性能都决定着混凝土经久耐用的程度，故统称为耐久性。

（一）抗渗性

抗渗性是指混凝土抵抗压力渗透的性能。它不但关系到混凝土本身的抗渗性能（如地下工程、海洋工程等），还直接影响到混凝土的抗冻性、抗腐蚀性等其他性能指标。

混凝土渗透的主要原因是其本身内部的连通孔隙形成的渗水通道，这些通道是由于拌和水的占据作用和养护过程中的泌水造成的，同时外界环境的温度和湿度不宜也会造成水泥石的干缩裂缝，加剧混凝土的抗渗能力下降。混凝土渗透性的主要技术措施是采用低水灰比的干硬性混凝土，同时加强振捣和养护，以提高密实度，减少渗水通道的形成。

混凝土的抗渗性采用抗渗等级表示。抗渗等级是以养护至28 d的一组6个试件，在抗渗试验仪上所能承受的最大水压力（MPa）。共有P4、P6、P8、P10、P12五个等级，它们分别表示混凝土能抵抗0.4 MPa、0.6 MPa、0.8 MPa、1.0 MPa、1.2 MPa的静水压力而不渗水。

（二）抗冻性

抗冻性是指混凝土在饱水状态下，能经受多次冻融循环而不破坏，同时也不严重降低原有性能的能力。在严寒地区，特别是接触水又受冻的环境下的混凝土，要求具有较高的抗冻性。

混凝土的抗冻性用抗冻等级表示。抗冻等级是以28 d龄期的混凝土标准试件，在饱水后反复冻融循环，以抗压强度损失不超过25%，且质量损失不超过5%时，所能承受的最大循环次数来确定，如F10、F15、F25、F50、F100、F150、F200、F250、F300分别表示混凝土能承受冻融循环的最多次数不少于10、15、25、50、100、150、200、250、300次。

混凝土的密实度、孔隙率和孔隙构造、孔隙的充水程度是影响抗冻性的主要因素。密实的混凝土和具有封闭孔隙的混凝土（如引气混凝土），抗冻性较高。掺入引气剂、减水剂和防冻剂,可有效提高混凝土的抗冻性。

(三)抗腐蚀性

当混凝土所处的环境水有腐蚀性介质时,会对混凝土提出抗腐蚀性的要求。混凝土的抗腐蚀性取决于水泥品种及混凝土的密实性。密实度越高,连通孔隙越少,外界的侵蚀性介质越不易侵入,故混凝土的抗腐蚀性好。提高混凝土的抗腐蚀性的主要措施,是合理选择水泥品种,降低水灰比,提高混凝土密实度和改善孔隙结构。

(四)抗碳化性

混凝土的碳化是指空气中的二氧化碳及水通过混凝土的裂缝与水泥石中的氢氧化钙反应生成碳酸钙,从而使混凝土的碱度降低的过程。

混凝土的碳化可使混凝土的表面强度提高,但对混凝土的有害作用却更为突出,碳化造成的碱度降低可使钢筋混凝土中的钢筋丧失碱性保护作用而发生锈蚀,锈蚀的生成物体积膨胀进一步造成混凝土的微裂。碳化还能引起混凝土的收缩,使碳化层处于受拉力状态而开裂,降低混凝土的受拉强度。

硅酸盐水泥比掺混合材料的硅酸盐水泥的混凝土碱度高,碳化速度慢,抗碳化能力强。低水灰比的混凝土孔隙率低,二氧化碳不易侵入,抗碳化能力强。此外,环境的相对湿度在50% ~75%时碳化最快,相对湿度小于25%或达到饱和时,碳化会因为水分过少或水分过多堵塞了二氧化碳的通道而停止。此外,二氧化碳浓度以及养护条件也是影响混凝土碳化速度及抗碳化能力的原因。研究标明,当混凝土碳化达到钢筋位置时,钢筋发生锈蚀,其寿命终结。故对于钢筋混凝土来说,提高其抗碳化能力的措施之一就是提高保护层的厚度。

在实际工程中,为减少碳化作用对钢筋混凝土结构的不利影响,可采取以下措施:

(1)在钢筋混凝土结构中采用适当的保护层,使碳化深度在建筑物设计年限内达不到钢筋表面;

(2)根据工程所处环境及使用条件,合理选择水泥品种;

(3)使用减水剂,改善混凝土的和易性,提高混凝土的密实度;

(4)采用水灰比小,单位水泥用量较大的混凝土配合比;

(5)加强施工质量控制,加强养护,保证振捣质量,减少或避免混凝土出现蜂窝等质量事故。

(6)在混凝土表面涂刷保护层,防止二氧化碳侵入。

(五)碱集料反应

碱集料反应生成的碱—硅酸凝胶吸水膨胀会对混凝土造成胀裂破坏,使混凝土的耐久性严重下降。

产生碱集料反应的原因主要有以下几点:①水泥中碱(Na_2O 或 K_2O)的含量较高;②集料中含有活性氧化硅成分;③存在水分的作用。

解决碱集料反应的技术措施主要是①选用低碱度水泥(含碱量 <0.6%);②在水泥中掺活性混合材料以吸取水泥中钠、钾离子;③掺加引气剂,释放碱—硅酸凝胶的膨胀压力。

第三节　普通混凝土拌和物试验

采用标准:《普通混凝土拌合物性能试验方法标准》(GB/T 50080—2002)。

一、坍落度试验

本方法适用于测定骨料最大粒径不大于40 mm、坍落度值不小于10 mm的塑性混凝土拌和物坍落度，并评定混凝土拌和物的黏聚性和保水性。

（一）仪器设备

（1）坍落度筒；

（2）捣棒；

（3）其他：小铲、钢尺、喂料斗等。

（二）试验步骤

（1）湿润坍落度筒及其他用具，并把筒放在不吸水的刚性水平底板上，然后用脚踩住两个脚踏板，使坍落度筒在装料时保持位置固定。

（2）把按要求取得的混凝土试样，用小铲分三层均匀装入筒内，使捣实后每层高度为筒高的1/3左右。每层用捣棒沿螺旋方向在截面上由外向中心均匀插捣25次。插捣筒边混凝土时，捣棒可以稍稍倾斜，插捣底层时，捣棒应贯穿整个深度，插捣第二层和顶层时，捣棒应插透本层至下一层的表面。

装到顶层时，混凝土应高出筒口。插捣过程中，如混凝土沉落到低于筒口，则应随时添加。顶层插捣完后，刮出多余的混凝土，并用抹刀抹平。

（3）清除筒边底板上的混凝土，然后垂直平稳地提起坍落度筒。坍落度筒的提离过程应在5 ~ 10 s内完成。从开始装料到提起坍落度筒的整个过程应不间断地进行，并应在150 s内完成。

（4）提起坍落度筒后，测量筒高与坍落后混凝土试体最高点之间的高度差，即为该混凝土拌和物的坍落度值。

（三）试验结果

（1）坍落度筒提离后，如混凝土发生崩坍或一边剪坏现象，则应重新取样另行测定。如第二次试验仍出现上述现象，则表示该混凝土拌和物和易性不好，应予记录备查。

（2）观察坍落后的混凝土试体的黏聚性和保水性。黏聚性的检查方法是用捣棒在已坍落的混凝土锥体侧面轻轻敲打，此时，如果锥体逐渐下沉，则表示黏聚性良好，如果锥体倒塌、部分崩裂或出现离析现象，则表示黏聚性不好。

（3）保水性以混凝土拌和物中稀浆析出的程度来评定。坍落度筒提起后如有较多的稀浆从底部析出，锥体部分的混凝土也因失浆而骨料外露，则表明此混凝土拌和物的保水性不好。

（4）当混凝土拌和物的坍落度大于220 mm时，用钢尺测量混凝土扩展后最终的最大直径和最小直径，在这两个直径之差小于50 mm的条件下，用其算术平均值作为坍落度扩展值；否则，此次试验无效。如果发现粗骨料在中央堆集或边缘有水泥浆析出，此混凝土拌和物抗离析性不好，应予记录。

（5）混凝土拌和物坍落度以mm为单位，测量精确至1 mm，结果表达修约至5 mm。

二、维勃稠度试验

本方法适用于评定坍落度在10 mm以内，骨料最大粒径不大于40 mm、维勃稠度在5 ~

30 s 的干硬性混凝土拌和物稠度的测定。

(一)仪器设备

(1)维勃稠度仪:由振动台、容器、坍落度筒、旋转架、透明原盘组成。

(2)捣棒:直径 16 mm、长 600 mm 的钢棒,端部应磨圆。

(二)试验步骤

(1)把维勃稠度仪放在坚实水平的基面上,用湿布把容器、坍落度筒、喂料斗内壁及其他用具擦湿;

(2)将喂料斗提到坍落度筒上方扣紧,校正容器位置,使其中心与喂料斗中心重合,然后拧紧固定螺丝。

(3)按要求取得的混凝土试样,用小铲分三层经喂料斗均匀地装入筒内,装料及插捣的方法应符合上述坍落度试验步骤的规定。

(4)转离喂料斗,小心并垂直地提起坍落度筒,此时应注意不使混凝土试体产生横向扭动。

(5)把透明原盘转到混凝土圆台体顶面,放松测杆螺丝,小心地降下原盘,使它轻轻接触到混凝土顶面。

(6)拧紧固定螺丝,并检查测杆螺丝是否已经完全放松,同时开启振动台和秒表,当振动到透明原盘的底面水泥浆的瞬间停下秒表,关闭振动台,记下秒表上的时间,读数精确至 1 s。

(三)试验结果

由秒表读出的时间(s),即为该混凝土拌和物的维勃稠度值。

三、凝结时间测定

本方法适用于混凝土拌和物中筛出的砂浆,用贯入阻力仪来确定坍落度值不为零的混凝土拌和物凝结时间的测定。

(一)仪器设备

贯入阻力仪由加荷装置、测针、砂浆试样和标准筛组成。

(1)加荷装置:最大测量值应小于 1 000 N,精度为 ±10 N。

(2)测针:长 100 mm,承压面积为 100 mm^2、50 mm^2、20 mm^2 三种测针;在距贯入端 25 mm 处刻有一圈标记。

(3)砂浆试样筒:上口径为 160 mm,下口径为 150 mm,净高 150 mm 的刚性不透水的金属圆筒,并配有盖子。

(4)标准筛:筛孔为 5 mm 并符合现行国家标准《试验筛》(GB/T 6005)

(二)试验步骤

(1)用标准筛,按标准方法制备或现场取样的混凝土拌和物试样中,筛出砂浆,并将其拌和均匀。

(2)将砂浆一次分别装入三个试样筒中,做三个试验坍落度不大于 70 mm 的混凝土宜用振动台振实砂浆;坍落度大于 70 mm 的宜用捣棒人工捣实砂浆。用振动台捣实砂浆时,振动应持续到表面出浆为止,不得过振;用捣棒人工捣实时,应沿螺旋方向由外向中心均匀插捣 25 次,然后用橡皮锤轻轻敲打筒壁,直到插捣孔消失为止。振实或插捣后,砂浆表面应低于砂浆试样筒口约 10 mm；砂浆试样筒应立即加盖。

(3)砂浆试样制备完毕，编号后置于温度为 20 ℃ ±2 ℃的环境中或现场同条件下待试，并在以后的整个测试环境中，环境温度应始终保持 20 ℃ ±2 ℃。现场同条件测试时，应与现场条件保持一致。整个测试过程中，除在吸取泌水或进行贯入试验外，试样筒应始终加盖。

(4)凝结时间测定从水泥与水接触瞬间开始计时。根据混凝土拌和物的性能，确定测针试验时间，以后每隔 0.5 h 测试一次，在临近初、终凝时可增加测定次数。

(5)每次测试前 2 min，将一片 20 mm 厚的垫块垫入筒底一侧使其倾斜，用吸管吸出表面的泌水，吸水后平稳地复原。

(6)测试时间，将砂浆试样筒置于贯入阻力仪上，测针端部与砂浆表面接触，然后在 10 s ±2 s 内均匀地使测针贯入砂浆 25 mm ±2 mm 深度，记录贯入压力，精确至 10 N；记录测试时间，精确至 1 min；记录环境温度，精确至 0.5 ℃。

(7)各测点的间距应大于测针直径的两倍且不小于 15 mm，测点与试样筒壁的距离应不小于 25 mm。

(8)贯入阻力仪测试在 0.2 ~ 28 MPa 应至少进行 6 次，直至贯入阻力大于 28 MPa 为止。

(9)测试过程中应根据砂浆凝结情况，适时更换测针，更换测针应按表 4-16 选用。

表 4-16　测针选用规定

贯入阻力(MPa)	0.2 ~ 3.5	3.5 ~ 20	20 ~ 28
测针面积(mm^2)	100	50	20

(三)试验结果

1. 计算贯入阻力

按下式计算贯入阻力，精确至 0.1 MPa

$$f_{pk} = \frac{F}{A}$$

式中 f_{pk}——贯入阻力，MPa；

F——贯入压力，MPa；

A——测针面积，mm^2。

2. 确定凝结时间

(1)采用线性回归方法确定，方法较复杂，不作讲述。

(2)采用绘图拟合方法确定，以贯入阻力为纵坐标，经过的时间为横坐标(精确至 1 min)，绘制初贯入阻力与时间之间的关系曲线，以 3.5 MPa 和 28 MPa 画两条平行于横坐标的直线，分别与曲线相交的两个交点的横坐标即为混凝土拌和物的初凝时间和终凝时间。

(3)用三个试验结果的初凝时间和终凝时间的算术平均值，作为此次试验结果。如果三个测值的最大值或最小值之差均超过中间值的 10% 时，则此次试验无效。

(4)凝结时间用 min 表示，并修约至 5 min。

四、表观密度测定

（一）仪器设备

（1）容量筒：金属制成，两旁有手把。对骨料粒径不大于 40 mm 的拌和物采用 5 L 的容量筒，内径与筒高均为 186 ± 2 mm，筒壁厚 3 mm；骨料最大粒径大于 40 mm 时，容量筒的内径与筒高均应大于骨料最大粒径的 4 倍。容量筒上缘及内壁应光滑平整，顶面与底面应平行并与圆柱体的轴垂直。

（2）台秤：称量 kg，感量 50 g。

（3）振动台。

（4）捣棒。

（5）其他：小铲、抹刀、刮尺等。

（二）试验步骤

（1）用湿布把容量筒内外擦干净，称出重量（m_1），精确至 50 g。

（2）混凝土的装料及捣实方法应视拌和物的稠度而定。

①坍落度不大于 70 mm 的混凝土，用振动台振实。

应一次将混凝土拌和物灌满到稍高出容量筒口，装料时允许用捣棒稍加插捣，振捣过程中，如混凝土的高度沉落到低于筒口，则应随时添加混凝土，振动直至表面出浆为止。

②坍落度大于 70 mm 的混凝土，用捣棒捣实。应根据容量筒的大小决定分层与插捣次数，用 5 L 容量筒时，混凝土拌和物应分两次装入，每层的插捣次数为 25 次。大于 5 L 的容量筒时，每次混凝土的高度不应大于 100 mm，每层插捣次数应按 100 cm^2 截面不小于 12 次计算。各次插捣应均衡地分布在每层截面上，插捣底层时捣棒应贯穿整个深度，插捣顶层时，捣棒应插透本层，并使之刚刚插入下一层。每层捣完后，振实，直至拌和物表面不见大气泡，填平捣棒坑。

（3）用刮尺齐筒口将多余的混凝土拌和物刮去，表面如有凹陷予以填平。将容量筒外壁擦净，称出混凝土与容量筒总重（m_2），精确至 50 g。

（三）试验结果

按下式计算混凝土拌和物表观密度 ρ_h（kg/m^3），精确至 10 kg/m^3

$$\rho_h = (m_2 - m_1)/V \times 1\ 000$$

式中 m_1——容量筒质量，kg；

m_2——容量筒及试样总质量，kg；

V——容量筒体积，L。

五、泌水试验

本方法适用于骨料粒径不大于 40 mm 的混凝土拌和物泌水测定。

（一）仪器设备

（1）试样筒；

（2）振动台或捣棒；

（3）磅秤；

（4）带盖量筒；

(5)其他:抹刀、秒表、吸水管等。

(二)试验步骤

(1)用湿布湿润试样筒的内壁后立即称量,记录试样筒的质量,再将混凝土装入试样筒,混凝土的装料及捣实方法有两种。

①用振动台捣实。将试样一次装入试样筒内,开启振动台,振动持续到表面出浆为止,并使混凝土表面低于试样筒口 30 mm ± 3 mm,用抹刀抹平后立即计时并称量,记录试样筒与试样的总质量。

②用捣棒捣实。混凝土拌和物分两层装入,每层插捣次数为 25 次,捣棒由边缘向中心均匀插捣。插捣底层时,捣棒应贯穿整个深度;插捣第二层时,捣棒应插透本层至下一层的表面;每一层捣完后,用橡皮锤轻轻敲打试样筒外壁 5 ~ 10 次,进行振实,并使混凝土拌和物表面低于试样筒口 30 mm ± 3 mm,用抹刀抹平后立即计时并称量,记录试样筒与试样的总质量。

(2)吸取混凝土拌和物表面泌水的整个过程中,应使试样筒保持水平,不受振动;除了吸水操作外,应始终盖好盖子;室温应保持在 20 ℃ ±2 ℃。

(3)从计时开始后 60 min 内,每隔 10 min 吸取一次试件表面渗出的水。60 min 后,每隔 30 min 吸一次水,直至认为不再泌水为止,每次吸水前 2 min,将筒底一侧垫高 35 mm,以便吸水,吸出水后将筒轻轻放平。吸出的水放入量筒中,记录每次吸水的水量,并计算累计水量,精确至 1 mL。

(三)试验结果

(1)按下式计算混凝土的泌水量,精确至 0.01 mL/mm^2

$$B_a = \frac{V}{A}$$

式中 B_a——泌水量,mL/mm^2;

V——最后一次吸水后累计的泌水量,mL;

A——试样外露的表面面积,mm^2。

(2)按下式计算混凝土拌和物的泌水率,精确至 0.01 mL/mm^2

$$B = V_W / \frac{W}{G} \times G_W \times 100\% = (V_W \times G)/(W \times G_W) \times 100\%$$

$$G_W = G_1 - G_0$$

式中 B——泌水率;

V_W——泌水总量;

G——混凝土拌和物总质量;

W——混凝土拌和物总用水量;

G_W——混凝土试样质量;

G_1——试样筒及试样总质量;

G_0——试样筒质量。

混凝土拌和物的泌水率取三个试样的算术平均值作为试验结果,若三个试样的最大值或最小值超过中间值的 15%,则以中间值作为结果;若最大值和最小值均超过中间值的 15%,则试验无效。

第四节　普通混凝土力学性能试验

采用标准:《普通混凝土力学性能试验方法标准》(GB/T 50081—2002)。

一、抗压强度试验

(一)仪器设备

(1)压力试验机:精度至少为 ±2%,量程应能使试件的预期破坏荷载值不小于全量程的 20%,也不大于全量程的 80%。

(2)钢尺:量程 300 mm,最小刻度 1 mm。

(二)试验步骤

(1)试件从养护地点取出后,应尽快进行试验,以免试件内部的温湿度发生显著变化。

(2)将试件擦拭干净,测量尺寸,并检查外观。试件尺寸测量精确至 1 mm,并据此计算试件的承压面积。如实测与公称尺寸之差不超过 1 mm,可按公称尺寸进行计算。试件承压面积的不平度应为每 100 mm 不超过 0.05 mm,承压面与相邻面的不垂直度不应超过 ±1°。

(3)将试件安放在试验机的下压板上,试件的承压面应与成型时的顶面垂直。试件的中心应与试验机下压板中心对准。开动试验机,当上板与试件接近时,调整球座,使接触均衡。

混凝土试件应连续而均匀地加荷,混凝土强度等级低于 C30 时,其加荷速度为 0.3 ~ 0.5 MPa/s;若混凝土强度等级高于 C30 且小于 C60 时,则为 0.5 ~ 0.8 MPa/s;若混凝土强度等级高于或等于 C60 时,则为 0.8 ~ 1.0 MPa/s。

(4)当试件接近破坏而开始迅速变形时,停止调整试验机油门,直至试件破坏,然后记录最大破坏荷载。

(三)试验结果

(1)按下式计算混凝土立方体试件抗压强度,精确至 0.1 MPa。

$$f_{CC} = \frac{F}{A}$$

式中　f_{CC}——混凝土立方体试件强度,MPa;

F——最大破坏荷载,N;

A——试件承压面积,mm^2。

(2)混凝土立方体试件抗压强度取三个试件测值的算术平均值作为试验结果。三个测试值中的最大值或最小值中如有一个与中间值的差值超过中间值的 15% 时,则把最大及最小值舍去,取中间值作为该组成试件的抗压强度值。如有两个测值与中间值的差均超过中间值的 15%,则该组试件的试验结果无效。

(3)取 150 mm × 150 mm × 150 mm 试件的抗压强度为标准值,其他尺寸试件测得的强度值均应乘以尺寸换算系数:200 mm × 200 mm × 200 mm 试件换算系数为 1.05,对 100 mm × 100 mm × 100 mm 试件换算系数为 0.95,见表 4-15 所示。

二、抗拉强度试验(劈裂法)

(一)仪器设备

(1)劈裂抗拉试验用的试验机:符合“立方体抗压强度试验”中对试验设备的要求。

(2)垫块:混凝土劈裂抗拉强度试验,采用直径为 150 mm 的钢制弧形垫块,垫块的长度不短于试件的边长。

(3)垫层:采用三层胶合板制成,宽度为 20 mm,厚度为 3 ~ 4 mm,长度不短于试件边长。垫层不得重复使用。

(二)试验步骤

(1)制作试件:试件尺寸为 150 mm × 150 mm × 150 mm 或者 100 mm × 100 mm × 100 mm。标准试件所用混凝土中骨料的最大粒径应不大于 40 mm,非标准试件所用骨料的最大粒径应不大于 20 mm。试件制作好后应及时进行养护。

(2)将试件从养护地点取出后,应及时进行试验。试验前,试件应保持与原养护地点相似的干湿状态。

(3)试件在试验前应擦拭干净,测量尺寸,检查外观,并在试件中部划定出劈裂面的位置,劈裂面应与试件成型时的顶面垂直。试件承压处的不平度要求应为每 100 mm 不超过 0.05 mm,承压面与相邻面的不垂直度偏差应不大于 ±1°。

试件尺寸精确至 1 mm,并据此计算试件的劈裂面面积 A。如实测尺寸与公称尺寸之差不超过 1 mm,可按公称尺寸计算。

(4)将试件放在材料试验机下压板的中心位置,在上、下压板与试件之间垫以圆弧形垫条和垫层各 1 条,垫层与垫条应与试件上、下面的中心线对准并与成型时顶面垂直。为保证上、下垫条对准及提高试验效率,可以把垫条安装在定位架上使用。

(5)开动试验机,当上压板与试件接近时,调整球座,使之接触均衡。混凝土试件的试验应连续而均匀地加荷,其加荷速度同“立方体抗压强度试验”中的要求。

(6)当试验接近破坏时,应停止调整油门,直至试件破坏,然后记录最大破坏荷载。

(三)试验结果

(1)按下式计算混凝土的劈裂抗拉强度,精确至 0.1 MPa。

$$f_{ts} = \frac{2F}{\pi A} = 0.637\frac{F}{A}$$

式中 f_{ts}——混凝土劈裂抗拉强度,MPa;

F——最大破坏荷载,N;

A——试件劈裂面面积,mm^2。

(2)混凝土的劈裂抗拉强度取三个试件测值的算数平均值作为试验结果。三个测值中的最大值或最小值中如有一个与中间值的差值超过中间值的 15% 时,则把最大值或最小值舍去,取中间值作为该组试件的抗拉强度值;如有两个测值与中间值的差均超过中间值的 15%,则该组试件的试验结果无效。

(3)当混凝土强度等级大于或等于 C60 时,宜采用标准试件(150 mm × 150 mm × 150 mm 正立方体试件);使用非标准试件时,尺寸换算系数应由试验确定。采用 100 mm × 100 mm × 100 mm 的非标准试件时,取得的劈裂抗拉强度值应乘以尺寸换算系数 0.85。

三、抗折强度试验

（一）仪器设备

（1）万能试验机或抗折试验机：精度应为 ±1%，其量程应能使试件的预期破坏荷载值不小于全量程的 20%，也不大于全量程的 80%。

（2）钢尺：最长大于 600 mm，最小刻度 1 mm。

（二）试验步骤

（1）制作试件：试件尺寸为 150 mm × 150 mm × 600（或 550）mm，或者 100 mm × 100 mm × 400 mm。制作标准试件所用骨料的最大粒径不应大于 40 mm。制作非标准试件所用骨料的最大粒径不应大于 30 mm。试件做好后应及时进行养护。

（2）将试件从养护地点取出后应及时进行试验。试验前，试件应保持与原养护地点相似的干湿状态。

（3）试件在试验前应先擦拭干净，测量尺寸，并检查外观。试件尺寸精确至 1 mm，并据此进行强度计算。试件不得有明显缺损，在跨中 1/3 梁的受拉区内，不得有表面直径超过 7 mm，且深度超过 2 mm 的孔洞。试件承压区及支承区接触线的不平度应为每 100 mm 不超过 0.05 mm。

（4）按要求调整支承架及压头的位置，其所有间距的尺寸偏差不应大于 ±1 mm。

（5）将试件在试验机的支座上放稳对中，承压面应选择试件成型时的侧面。

（6）开动试验机，当压头与试件快接近时，调整加压头及支座，使接触均衡。加压头及支座均不能前后倾斜，各接触不良之处应予以垫平。

试件的试验应连续加荷，其加荷速度为：混凝土强度等级小于 C30 时，取 0.02 ~ 0.05 MPa/s；若混凝土强度等级在 C30 ~ C60 时，取 0.05 ~ 0.08 MPa/s；若混凝土强度等级不小于 C60 时，取 0.08 ~ 0.10 MPa/s。

（7）当试件接近破坏时，应停止调整油门，直至破坏，记录最大破坏荷载及破坏特征。

（三）试验结果

（1）试件破坏时，如折断面位于两个集中荷载之间时，按下式计算抗折强度，精确至 0.10 MPa。

$$f_f = \frac{FL}{bh^2}$$

式中 f_f——混凝土抗折强度，MPa；

F——最大破坏荷载，N；

L——支座间距跨度，mm；

b——试件截面宽度，mm；

h——试件截面高度，mm。

（2）混凝土抗折强度取三个试件测值的算数平均值作为试验结果。三个测值中的最大值或最小值中如有一个与中间值的差值超过中间值的 15%，则把最大值或最小值舍去，取中间值作为该组试件的抗折强度值；如有两个测值与中间值的差均超过中间值的 15%，则该组试件的试验结果无效。

（3）三个试件中如有一个试件的折断面位于两个集中荷载之外（以受拉区为准），则该试件的试验结果应予以舍弃,混凝土抗折强度按另两个试件的试验结果计算。如有两个试件的折断面均超出量集中荷载之外,则该组试验无效。

(4)当混凝土强度等级大于或等于C60时,宜采用标准试件150 mm×150 mm×600(或550)mm小梁体试件;使用非标准试件时,尺寸换算系数应由试验确定。采用100 mm×100 mm×400 mm试件时,取得的抗折强度值应乘以尺寸换算系数0.85。

第五节　普通混凝土耐久性能试验

采用标准:《普通混凝土长期性能和耐久性能试验方法标准》(GB/T 50082—2009)。

一、普通混凝土抗渗性能试验

(一)仪器设备

(1)混凝土渗透仪;

(2)螺旋加压器;

(3)其他:钢丝刷、电炉、铁槽、开刀、密封材料(石蜡、火漆、松香等)。

(二)试验制备

(1)采用顶面直径为175 mm、底面直径为185 mm、高为150 mm的圆台或直径与高度均为150 mm的圆柱体试件(视抗渗设备要求而定),抗渗试件以6个为一组。

(2)试件成型后24 h拆模,用钢丝刷刷去两端面水泥浆膜,然后送入标准养护室养护。试件一般养护至28 d的龄期进行试验,如有特殊要求,可在其他龄期进行。

(二)试验步骤

(1)试件养护至试验前1 d取出,将表面晾干并擦拭干净,然后将所用的密封材料(石蜡与火漆的重量比约4:1,石蜡与松香比约5:1,也可以用沥青等材料)放在平底小铁盘内进行加热熔化,待完全熔化后将试件侧面放在熔化后的铁盘内进行均匀滚涂一层。

(2)用螺旋加压器或压力机将涂有密封材料的试件压入预热的抗渗试件套内(预热温度约50 ℃),要求试件与试件套的底面压平为止,待试件套冷却后即可解除压力。

(3)排除渗透仪管路系统中的空气,并将密封好的试件安装在渗透仪上。

(4)试压从水压为0.1 MPa开始,以后每隔8 h增加水压0.1 MPa,并随时注意观察试件端面渗水情况。

(5)当6个试件中有3个试件端面呈渗水现象时,即可停止试压,记下当时的水压。如加压至规定压力,在8 h内6个试件中表面渗水的试件不超过两个时,或压力到1.2 MPa,并经过8 h持压,渗水试件仍不超过两个时,也应停止试验,记下当时的水压力。

(三)试验结果

(1)混凝土抗渗等级以每组6个试件中4个试件未出现渗水时的最大水压表示,按下式计算:

$$P = H - 0.1$$

式中　P——抗渗等级;

　　H——6个试件中第3个试件顶面开始渗水时的压力,MPa。

(2)如果压力大至1.2 MPa,经过8 h,渗水仍不超过2个试件时,则混凝土的抗渗等级或大于 P12。

二、普通混凝土抗冻性能试验

普通混凝土抗冻性能试验有两种方法:慢冻法和快冻法。

(一)慢冻法

适用于测定混凝土试件在气冻水融条件下,以经受冻融循环次数来表示的混凝土抗冻性能。

1. 仪器设备

(1)冷冻箱;

(2)融解水槽;

(3)框篮;

(4)案秤;

(5)压力试验机。

2. 试件制备

混凝土抗冻试验应采用立方体试件,试件的具体尺寸应根据混凝土中骨料的最大粒径选定,每次试验所需试件组数如表 4-17 所示,每组试块应为 3 块。

表 4-17　慢冻法试验所需的试件组数

设计抗冻等级	F25	F50	F100	F150	F200	F250	F300
检验强度时的冻融循环次数	25	50	50 及 100	100 及 150	150 及 200	200 及 250	250 及 300
鉴定 28 d 强度所需试件组数	1	1	1	1	1	1	1
冻融试件组数	1	1	2	2	2	2	2
对比试件组数	1	1	2	2	2	2	2
总计试件组数	3	3	5	5	5	5	5

3. 试验步骤

(1)如无特殊要求,试件应在 28 d 龄期时进行冻融试验,试验前 4 d 应把冻融试件从养护地点取出,进行外观检查,随后放在 15 ~ 20 ℃ 水中浸泡,浸泡时水面至少高出试件顶面 20 mm,冻融试件浸泡 4 d 后进行冻融试验。对比试件则应保留在标准养护室内,直到完成冻融循环后,与抗冻试件同时试压。

(2)浸泡完毕,取出试件,用湿布擦除表面水分,称重,按编号置入框篮后即可放入冷冻箱开始冻融试验。在箱内,框篮应架空,试件与框篮接触处应垫以垫条,并保证至少留有 20 mm 的空隙,框篮中各试件之间至少保持 50 mm 的空隙。

(3)抗冻试验冻结时温度应保持在 -15 ~ -20 ℃。试件在箱内温度到达 -20 ℃时放入,装完试件如温度有较大升高,则以温度重新降至 -15℃时起算冻结时间。每次从装完试件到重新降至 -15 ℃所需时间不应超过 2 h,冷冻箱温度均以其中心处温度为准。

(4)冻结试验结束后,试件即可取出并应立即放入能使水温保持 15 ~ 20 ℃ 的水槽中进行融化。此时，槽中水面应至少高出试件顶面 20 mm，试件在水中融化的时间不应小于 4 h。融化完毕即为该次冻融循环结束，取出试件送入冷冻箱进行下一次循环试验。

（5）应经常对冻融试件进行外观检查。发现有严重破坏时应进行称重，如试件的平均失重率超过 5%，即可停止冻融循环试验。

（6）混凝土试件达到规定的冻融循环次数后，即应进行抗压试验，抗压试验前应称重，并进行外观检查，详细记录试件表面破损、裂缝及边角缺损情况。如果试件表面破损严重，则应用石膏找平后再进行试压。

（7）在冻融过程中，如因故需中断试验，为避免失水和影响强度，应将冻融试件移入标准养护室保存，直至恢复冻融试验为止，此时应将故障原因及暂停时间在试验结果中注明。

4. 试验结果

（1）按下式计算混凝土冻融试验后的强度损失率 Δf_c

$$\Delta f_c = (f_{c0} - f_{cn}) \times 100/f_{c0}$$

式中 Δf_c——n 次冻融循环后的混凝土强度损失率，以 3 个试件的平均值计算（%）；

f_{c0}——对比试件的抗压强度平均值；

f_{cn}——n 次冻融循环后的 3 个试件抗压强度平均值，MPa。

（2）按下式计算混凝土试件冻融后的重量损失率

$$\Delta W_0 = (G_0 - G_n) \times 100/G_0$$

式中 ΔW_0——n 次冻融循环后的重量损失率，以 3 个试件的平均值计算（%）；

G_0——冻融循环试验前的试件重量，kg；

G_n——n 次冻融循环后的试件重量，kg。

（3）混凝土的抗冻等级，以同时满足强度损失率不超过 25%，重量损失率不超过 5% 时的最大循环次数来表示。

（二）快冻法

适用于测定混凝土试件在水冻水融条件下，以经受的快速冻融循环次数来表示混凝土的抗冻性能。本方法适用于抗冻性能要求高的混凝土。

1. 仪器设备

（1）快速冻融装置；

（2）试件盒；

（3）案秤；

（4）动弹性模量测定仪；

（5）热电偶、电位差计。

2. 试件制备

棱柱体试件尺寸为 100 mm × 100 mm × 400 mm。每组 3 块，在试验过程中可连续使用，除制作冻融试件外，还应制备同样形状尺寸、中心埋有电偶的测温试件，制作测温试件所用混凝土的抗冻性能应高于冻融试件。

3. 试验步骤

（1）如无特殊要求，试件应在 28 d 龄期时进行冻融试验，试验前 4 d 应把冻融试件从养护地点取出，进行外观检查，随后放在 15 ~ 20 ℃ 水中浸泡，浸泡时水面至少高出试件顶面 20 mm，冻融试件浸泡 4 d 后进行冻融试验。

(2)浸泡完毕,取出试件,用湿布擦除表面水分,称重,并按《普通混凝土长期性能和耐久性能试验》中动弹性模量试验的规定测定其横向基频的初始值。

(3)将试件放入试件盒内,为了使试件受温均衡,并消除试件周围因水分结冰引起的附加压力,试件的侧面与底部应垫放适当宽度与厚度的橡胶垫,整个试验过程中,盒内水位高度应始终保持高出试件顶面 5 mm 左右。

(4)把试件盒放入冻融箱内,其中装有测温试件的试件盒应放在冻融箱的中心位置,即可开始冻融循环。

(5)冻融循环过程应符合下列要求:

每次冻融循环应在 2 ~4 h 内完成,其中用于融化的时间不得小于整个冻融时间的 1/4。在冻结和融化终了时,试件中心温度应分别控制在 -17 ℃ ±2 ℃和 8 ℃ ±2 ℃。

每块试件从 6 ℃降至 -15 ℃所用的时间不得少于冻结时间的 1/2。每块试件从 -15 ℃升至 6 ℃所用的时间也不得少于整个融化时间的 1/2,试件内外的温差不宜超过 28 ℃。

冻和融之间的转换时间不宜超过 10 min。

(6)试件一般应每隔 25 次循环做 1 次横向基频测量,测量前应将试件表面浮渣清洗干净,擦去表面积水,并检查外部损伤及重量损失。横向基频的测量方法及步骤应按《普通混凝土长期性能和耐久性能试验》中动弹性模量试验的规定执行。测完后,应立即把试件掉一个头重新装入试件盒内。试件的测量、称重及外观检查应尽量迅速,以免水分损失。

(7)为保证试件在冷液中冻结时温度稳定均衡,当有一部分试件停冻取出时,应另用试件填充空位。如冻融循环因故中断时,试件应保持在冻结状态下,并最好能将试件保存在原容器内并用冰块围住。如无条件时,则应将在潮湿状态下用防水材料包裹,加以密封,并存放在 -17 ℃ ±2 ℃的冷冻室或冰箱中。试件处在融解状态下的时间不宜超过 2 个循环。在特殊情况下,超过 2 个循环周期的次数,在整个试验过程中只允许 1 ~2 次。

(8)冻融试验到达以下三种情况的任何一种时,即可停止试验。

①已达到 300 次循环;

②相对动弹性模量下降到 60% 以下;

③重量损失率达 5% 。

4. 试验结果

(1)按下式计算混凝土试件的相对动弹性模量

$$P = (f_n^2 / f_0^2) \times 100\%$$

式中 P——n 次冻融循环后试件的重量损失率,以 3 个试件的平均值计算(%);

f_n——n 次冻融循环后试件的横向基频,Hz;

f_0——冻融循环试验前测得的试件横向基频初始值,Hz。

(2)按下式计算混凝土试件冻融后的重量损失率

$$\Delta W_0 = (G_0 - G_n) \times 100 / G_0$$

式中 ΔW_0——n 次冻融循环后的重量损失率,以 3 个试件的平均值计算(%);

G_0——冻融循环试验前的试件重量,kg;

G_n——n 次冻融循环后的试件重量,kg。

(3)混凝土耐快速冻融循环次数,以同时满足相对动弹性模量值不小于 60% 和重量损失率不超过 5% 时的最大循环次数来表示。

（4）按下式计算混凝土耐久性系数。

$$K_n = P \times n/300$$

式中 K_n——混凝土的耐久性系数；

P——n 次冻融循环后试件的相对动弹性模量；

n——达到上述中3（8）要求时的冻融循环次数。

三、普通混凝土碳化试验

（一）试验仪器设备

（1）碳化箱；

（2）气体分析仪；

（3）二氧化碳供气装置；

（4）烘箱等。

（二）试件制备

碳化试验采用棱柱体混凝土试件，以3块为一组。试件的最小边长应符合表4-18的要求。棱柱体的高宽比应不小于3。如无棱柱体时，也可用立方体试件代替，但其数量应相应增加。

表4-18　碳化试验试件尺寸选用表

混凝土试件最小边长（mm）	100	150	200
骨料最大粒径（mm）	30	40	60

（三）试验步骤

（1）试件一般在28 d龄期进行碳化，采用掺和料的混凝土可根据其特性决定碳化前的养护龄期。碳化试验的试件采用标准养护。应在试验前2 d从养护室取出，然后在60 ℃温度下烘干48 h。

（2）经烘干处理后的试件，除留下1个或相对的2个侧面外，其余表面均应用加热的石蜡密封。在侧面上顺长度方向用铅笔以10 mm间距画出平行线以预定碳化深度的测量点。

（3）将经过处理的试件放入碳化箱内的铁架上，各试件经受碳化的表面之间至少应保持50 mm的间距。

（4）将碳化箱盖严密封，密封可采用机械办法或油封，但不得采用水封，以免影响箱内的湿度调节。开动箱内气体对流装置，徐徐充入二氧化碳。测定箱内的二氧化碳浓度，逐步调节二氧化碳的流量，并使箱内的二氧化碳浓度保持在20% ±5 ℃的条件下进行。

（5）每隔一定的时间对箱内的二氧化碳浓度、温度及湿度做1次测定。一般在第一天、第二天每隔2 h测定1次，以后每隔4 h测定1次。并根据测得的二氧化碳浓度，随时调节其流量，去湿用的硅胶也应经常更换。

（6）碳化到3 d、7 d、14 d、28 d时，分别取出试件，破型，以测定其碳化深度。棱柱体试件在压力试验机上用劈裂法从一端开始破型，每次切除的厚度约为试件宽度的一半，破型后剩余的试件用石蜡将切断面封好，再放入箱内继续碳化直至下一个试验龄期。如采用立方体试件，则在试件中部劈开，立方体试件只做1次检验，劈开后不再放回碳化箱重复使用。

（7）将切除所得的试件部分，刮去断面上残存的粉末，立即喷上浓度为1%的酚酞酒精溶液。经过 30 s 后，按原先标划的每 10 mm 一个测量点用钢板尺分别测出两侧面各点的碳化深度。如果测点处的碳化分界线刚好嵌有粗骨料颗粒，则可取该颗粒两侧碳化深度的平均值作为该点的深度值。碳化深度测量精确至 1 mm。

第六节　混凝土质量评定

一、混凝土质量影响因素

由于各种因素影响，混凝土质量是波动的。为了保证生产的混凝土技术性能满足设计要求，就必须对混凝土质量进行控制。了解混凝土质量波动的因素是控制其质量的前提。引起混凝土质量波动的主要因素有：

(1)混凝土各组成材料的质量、混凝土配合比；

(2)生产全过程各工序，如计量、搅拌、浇筑、养护及生产人员、仪器设备、用具等。

(3)混凝土成品质量的控制与评定等。

二、混凝土强度的合格评定

1. 已知标准差的统计方法

当混凝土的生产条件在较长时间内能保持一致，且同一品种混凝土的强度变异性能保持稳定时，应由连续的 3 组试件组成 1 个验收批，其强度同时满足下列要求：

$$m_{fcu} \geqslant f_{cu,k} + 0.7\sigma_0$$

$$f_{cu,min} \geqslant f_{cu,k} - 0.7\sigma_0$$

当混凝土强度等级不高于 C20 时，其强度的最小值应满足下式要求：

$$f_{cu,min} \geqslant 0.85 f_{cu,k}$$

当混凝土强度等级高于 C20 时，其强度的最小值应满足下式要求：

$$f_{cu,min} \geqslant 0.90 f_{cu,k}$$

式中　m_{fcu}——同一验收批混凝土立方体抗压强度的平均值，MPa；

$f_{cu,min}$——同一验收批混凝土立方体抗压强度的最小值，MPa；

$f_{cu,k}$——混凝土立方体抗压强度标准值，MPa；

σ_0——验收批混凝土立方体抗压强度的标准差，MPa，按下式计算：

$$\sigma_0 = \frac{0.59}{m}\sum_{i=1}^{m}\Delta f_{cu,i}$$

式中　$\Delta f_{cu,i}$——第 i 批试件立方体抗压强度中最大值与最小值之差；

m——用以确定验收批混凝土立方体抗压强度标准差的数据总组数。

2. 未知标准差的统计方法

当混凝土的生产条件在较长时间内不能保持一致，且混凝土强度变异性不能保持稳定时，或在前一个检验期内的同一品种混凝土没有足够的数据用以确定验收批混凝土立方体抗压强度的标准差时，应由不少于 10 组试件组成 1 个验收批，其强度应同时满足下列公式要求：

$$m_{fcu} - \lambda_1 S_{fcu} \geqslant 0.90 f_{cu,k}$$

$$f_{cu,min} \geq \lambda_2 f_{cu,k}$$

式中 S_{fcu}——同一验收批混凝土立方体抗压强度标准差,MPa,当计算值小于 $0.06 f_{cu,k}$ 时,取 $S_{fcu} = 0.06 f_{cu,k}$;

λ_1、λ_2——合格判定系数,按表4-19取用。

表4-19 混凝土强度的合格判定系数

试件组数	10~14	15~24	≥25
λ_1	1.70	1.65	1.60
λ_2	0.90	0.85	

3. 非统计方法

对于某些小批量零星混凝土的生产,由于其试件组数有限,不具备采用统计方法来评定混凝土强度时,可采用非统计方法。其强度应同时满足下列要求:

$$m_{fcu} \geq 1.15 f_{cu,k}$$

$$f_{cu,min} \geq 0.95 f_{cu,k}$$

三、混凝土强度的合格性判断

(1)当验收批的混凝土强度检验结果能满足上述规定时,则该批混凝土强度判为合格;当不能满足上述规定时,该批混凝土强度判为不合格。

(2)由于不合格批混凝土制成的机构或构件,应进行鉴定。对不合格的结构或构件必须及时处理。

(3)当对混凝土试件强度的代表性有怀疑时,可采用从结构或构件中钻取试件的方法或采用非破损检验方法,按有关标准的规定对结构或构件中混凝土的强度进行推定。

(4)结构或构件拆模、出池、出厂、吊装、预应力筋张拉或放张,以及施工期间需要短暂负荷时的混凝土强度,应满足设计要求或现行国家标准的有关规定。

第五章　土工试验

第一节　概　述

地基中各土层的工程性质，是由土的物理性质、化学性质决定的，而土的物理性质和化学性质是通过其物理性质指标和化学性质指标反映出来的。土工试验正是通过试验测定土的各项指标。在土工试验中，对土样的过筛、风干、击实、饱和、贮存以及土样的开启、切取等程序的正确与否都会直接影响其试验结果。因此，进行试验时，应严格按照操作标准来执行，试验结果才有一定的可比性。

一、土的工程分类

按不同粒组的相对含量区分，土分为巨粒类土、粗粒类土和细粒类土，并应符合下列规定：

(1)巨粒类土应按粒组划分；

(2)粗粒类土应按粒组、级配、细粒土含量划分；

(3)细粒类土应按塑性图、所含粗粒类别以及有机质含量划分。

(一)巨粒类土

巨粒类土的分类应符合表 5-1 的规定。

表 5-1　巨粒类土的分类

土类	粒组含量		土类代号	土类名称
巨粒土	巨粒含量 >75%	漂石含量大于卵石含量	B	漂石(块石)
		漂石含量不大于卵石含量	Cb	卵石(碎石)
混合巨粒土	50% < 巨粒含量≤75%	漂石含量大于卵石含量	BSJ	混合土漂石(块石)
		漂石含量不大于卵石含量	CbSJ	混合土卵石(块石)
巨粒混合土	15% < 巨粒含量≤50%	漂石含量大于卵石含量	SJB	漂石(块石)混合土
		漂石含量不大于卵石含量	SJCb	卵石(碎石)混合土

试样中巨粒组含量不大于 15% 时，可扣除巨粒，按粗粒类土或细粒类土的相应规定分类；当巨粒对土的总体性状有影响时，可将巨粒计入砾粒组进行分类。

(二)粗粒类土

试样中粗粒组含量大于 50% 的土称粗粒类，分类符合下列规定：

(1)砾粒组含量大于砂粒组含量的土称砾类土。

(2)砾粒组含量不大于砂粒组含量的土称砂类土。

(3)砾类土的分类应符合表 5-2 的规定。砂类土的分类应符合表 5-3 的规定。

表 5-2　砾类土的分类

土类	粒组含量		土类代号	土类名称
砾	细粒含量<5%	级配 $C_u \geqslant 5$ $1 \leqslant C_c \leqslant 3$	GW	级配良好砾
		级配:不同时满足上述要求	GP	级配不良砾
含细粒土砾	5%≤细粒含量<15%		GF	含细粒土砾
细粒土质砾	15%≤细粒含量<50%	细粒组中的粉粒含量不大于 50%	GC	黏土质砾
		细粒组中的粉粒含量大于 50%	GM	粉土质砾

表 5-3　砂类土的分类

土类	粒组含量		土类代号	土类名称
砂	细粒含量<5%	级配 $C_u \geqslant 5$ $1 \leqslant C_c \leqslant 3$	SW	级配良好砂
		级配:不同时满足上述要求	SP	级配不良砂
含细粒土砂	5%≤细粒含量<15%		SF	含细粒土砂
细粒土质砂	15%≤细粒含量<50%	细粒组中的粉粒含量不大于 50%	SC	黏土质砂
		细粒组中的粉粒含量大于 50%	SM	粉土质砂

(三)细粒类土

试样中细粒含量不小于 50% 的土为细粒类土。细粒类土应按下列规定划分:

(1)粗粒组含量不大于 25% 的土称细粒土;

(2)粗粒组含量大于 25% 且不大于 50% 的土称含粗粒的细粒土;

(3)有机质含量小于 10% 且不小于 5% 的土称有机质土。细粒土的分类应符合表 5-4 的规定。

表 5-4　细粒类土的分类

土的塑性指标在塑性图中的位置		土的代号	土类名称
$I_p \geqslant 0.73(\omega_L - 20)$ 且 $I_p \geqslant 7$	$\omega_L \geqslant 50\%$	CH	高液限黏土
	$\omega_L < 50\%$	CL	低液限黏土
$I_p < 0.73(\omega_L - 20)$ 或 $I_p < 4$	$\omega_L \geqslant 50\%$	MH	高液限黏土
	$\omega_L < 50\%$	ML	低液限黏土

注:黏土-粉土过渡区(CL-ML)的土可按相邻土层的类别细分。

含粗粒的细粒土应根据所含细粒土的塑性指标在塑性图中的位置及所含粗粒类别,按下列规定划分:

(1)粗粒中砾粒含量大于砂粒含量,称含砾细粒土,应在细粒土代号后加代号 G;

(2)粗粒中砾粒含量不大于砂粒含量,称含砂细粒土,应在细粒土代号后加代号 S。

有机质土应按表 5-4 划分,在各相应土类代号后加代号 Q。

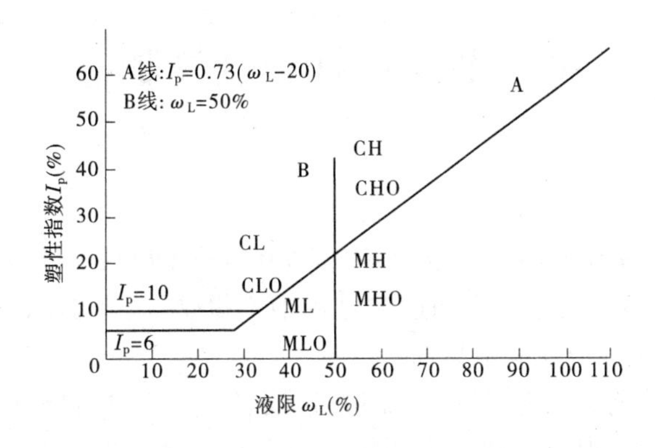

图 5-1　塑性图

土的含量或指标等于界限值时,可根据使用目的按偏于安全的原则分类。

二、土的三相组成

通常,土是由三相组成:矿物质颗粒叫固相;水溶液叫液相;空气叫气相。矿物质颗粒构成土的骨架,空气与水则填充骨架间的孔隙。矿物质颗粒有大有小且性质和矿物成分不同。土中的水也不完全是一种形态,可以处于液态,也可呈固态的冰、气态的水蒸气;土中的空气,有的与外面连通,容易排出,有的是在封闭孔中,受压时可压缩。在淤泥与泥炭地还有可燃气体。土的三相组成示意图,如图 5-2 所示。不同土类三相的体积与质量是不相同的,并随着条件的变化,三相组成的体积与质量也会变化。表示三相组成比例关系的指标称为土的三相比例指标,即土的基本物理性质指标。

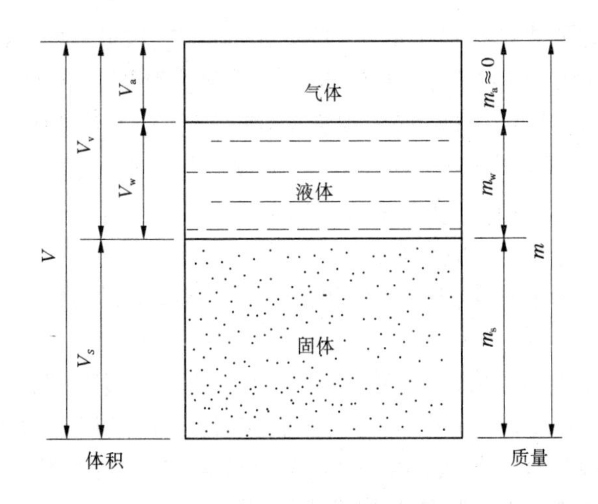

V—土的总体积;V_n—土中空隙体积;V_0—土中气体的体积;V_w—土中水的体积;
V_d—土中颗粒体积;m—土的总质量;m_w—土中水的质量;m_d—土颗粒质量

图 5-2　土的三相组成示意图

第二节　土样和试样制备

一、土样

根据国家标准《土工试验方法标准》(GB/T 50123—1999),土样应符合以下规定:

(1)原状土样应蜡封严密,保管和运输过程中不得受震、受热、受冻。土样取样过程不得受压、受挤、受扭。土样应充满取样筒。

(2)扰动土在试验前必须经过风干、碾散、过筛、匀土、分样、贮存及试样制备等程序。

(3)原状土样和需要保持天然湿度的扰动土样在试验前应妥善保管,并采取防止水分蒸发的措施(一般是放在 20 ±3 ℃、相对湿度大于 85% 的养护室内)。

(4)试验后的余土,应妥善保存,并做标记,如无特殊要求时,余土的贮存期为 3 个月。

二、试样制备

(一)试验仪器设备

(1)土样筛(孔径为 5 mm、2 mm、0.5 mm、0.075 mm)。

(2)台秤和天平:称量 10 kg,分度值 5 g;称量 5 kg,分度值 1 g;称量 100 kg,分度值 0.5 g;称量 500 kg,分度值 0.1 g 和称量 200 g,分度值 0.01 g。

(3)环刀:内径 61.8 mm 和 79.8 mm,高 20 mm;内径 61.8 mm,高 40 mm。

(4)设备:应附真空表和真空缸。

(5)其他:击样器、压样器、切土刀、钢丝锯、碎土工具、烘箱、保湿缸、喷水设备等。

(二)扰动土样的备样

(1)将土样从土样筒或包装袋中取出,对土样的颜色、气味、夹杂物和土类及均匀程度进行描述,并将土样切成碎块拌匀,取有代表性土样测量含水量。

(2)对均质和含有机质的土样,宜采用天然含水率状态下代表性土样,供颗粒分析、界限含水率试验。对非均质土应根据试验项目取足够数量的土样,置于通风处晾干至可碾散为止。对砂类土和进行比重试验的土样宜在 105 ~110 ℃温度下烘干,对有机质含量超过 5% 的土、含石膏的硫酸盐的土,应在 65 ~70 ℃下烘干。

(3)将风干或烘干的土样在橡皮板上用木碾碾散,对砂和砾的土样,可在土壤粉碎机内粉碎。

(4)根据试验所需土样数量过筛,物理性试验(如液限、塑限、缩限等)应过 0.5 mm 的筛,水性及力学性试验应过 2 mm 的筛,击实试验应过 5 mm 的筛。过筛后的土样应用四分法进行缩分,取足够数量具有代表性的土样,分别装入玻璃缸内,并标明工程名称、土样编号、过筛孔径、用途、制备日期及制备人员等。

(三)扰动土试样的制样

(1)试样的制备数量应根据试验要求而定,一般应多制备 1 ~2 个试样。

(2)将碾散的风干土样通过孔径 2 mm 或 5 mm 的筛,取筛下足够试验用的土样,充分拌匀,测定风干的含水率,装入保湿缸或塑料袋内备用。

(3)根据试验所需的土量与含水率,制备试验所需的加水量应按下式计算

$$m_w = \frac{m_0}{1 + 0.01\,\omega_0} \times 0.01(\omega_1 - \omega_0)$$

式中　m_w ——制备试样所需的加水量，g；

m_0 ——湿土（或风干土）质量，g；

ω_0 ——湿土（或风干土）含水率，%；

ω_1 ——制样要求含水率，%。

（4）称取过筛的风干土样平铺于搪瓷盘内，将水均匀喷洒于土样上，充分拌匀后装入盛土容器内盖紧，润湿一昼夜，砂土的润湿时间可酌减。

（5）测定润湿土样不同位置处的含水率，应不少于两点。

（6）根据环刀容积及所需的干密度，试样所需的湿土两应按下式计算

$$m_0 = (1 + 0.01\,\omega_0)\,\rho_d V$$

式中　ρ_d ——试样的干密度，g/cm^3；

V——试样体积（环刀容积），cm^3。

（7）扰动土试样可采用击样法和压样法进行。

①击样法：根据环刀的容积及所求干密度、含水率计算出干土质量和所加水量制备湿土试样，将一定量的湿土分三层倒入装有环刀的击实仪内，用击实方法将土压入环刀内，击实到所需密度。

②压样法：将制备好的湿土样倒入预先装好环刀的压样器内，拂平表面土样，以静压力将土压入环刀内，压至所需密度。

③同一组试样密度差值应$\leqslant 0.02\ g/cm^3$，含水量差值应$\leqslant 1\%$。

（8）取出带有试样的环刀，称环刀和试样的总质量，对不需饱和且不立即进行试验的试样，应存放在保湿器内备用。

（四）原样土样的制备

（1）将土样筒标明的上下方向放置，剥去蜡封和胶带，开启土样筒取出土样。检查土样结构，当确定土样已受扰动或取土质量不符合规定时，不应制备力学试验的试样。

（2）根据试验要求用环刀切取试样时，应在环刀内壁涂一薄层凡士林，刀口向下放在土样上，将环刀垂直下压，并用切土刀沿环刀外侧切削土样，边压边削至土样高出环刀，根据试样的软硬采用钢丝锯或切土刀平整环刀两端土样，擦净环刀外壁，称环刀和土的总质量。

（3）从余土中取出代表性试样测含水率。

（4）切削试样时，应对土的层次、气味、颜色、夹杂物和土类及均匀程度进行描述，对低塑性和高灵敏度的软土，制备试样时不得扰动。

三、试样饱和

饱和土是指土的孔隙逐渐被水充满时的土。试样的饱和方法可根据土的性质选择。

（1）粗粒土可直接在仪器内浸水饱和。

（2）渗透系数大于10^{-4}cm/s的细粒土，采用毛细管饱和法较为方便；渗透系数小于或等于10^{-4} cm/s的细粒土，采用抽气饱和法；若土的机构性较弱，抽气可能发生扰动，不宜采用此法。

(一)毛细管饱和法

(1)如采用重叠式饱和器,则在下板正中放置稍大于环刀直径的透水石和滤纸,将装有试样的环刀放在滤纸上,试样上再放一张滤纸和一块透水石,这样顺序重复,由下而上重叠至适当高度。将饱和器上板放在最上部透水石上,旋紧拉杆上端螺栓,将各个环刀在上下板间夹紧。

(2)如用框式饱和器,则在装有试样的环刀两面贴放滤纸,再放两块大于环刀的透水石在滤纸上,通过框架两端的螺栓,将透水石、环刀夹紧。

(3)将装好试样的饱和器放入装有洁净水的水箱中,水面不宜将试样淹没,使土中气体得以排除,盖上箱盖,使试样饱和,浸水时间部少于2 d。

(4)取出饱和器,松开螺栓,取出环刀,擦干环刀外壁,吸去土样表面积水,取下滤纸,称取环刀加土样质量及环刀质量,计算饱和度。

(5)若饱和度小于95%,将环刀装入饱和器,放入水中延长其饱和时间。

(6)试样的饱和度应按下式计算

$$S_r = \frac{(\rho_{sr} - \rho_d)\,G_S}{e\,\rho_d} \text{或} S_r = \frac{\omega_{sr}\,G_S}{e}$$

式中 S_r ——试样饱和度;

ρ_{sr} ——土样饱和后的密度;

ρ_d ——干土的密度;

e ——土的孔隙比;

G_S ——土的比重;

ω_{sr} ——土样饱和后的含水量。

(二)抽气饱和法

(1)将试样装入饱和器,将装好的饱和器放入真空缸内,封盖内涂一层凡士林,以防漏气。

(2)关闭管夹,打开二通阀,将抽气与真空缸接通,开动抽气机,抽除缸内及土样中的空气。当真空压力达到一个大气压(0.1 MPa),稍微开启管夹,使洁净水慢慢注入真空缸内。在注水过程中,应调节管夹,使真空压力基本保持不变。

(3)待饱和器完全淹没水中后,停止抽气,将引水管从水缸中提出。打开管夹使空气进入真空缸内,待静置一定时间,借大气压使试样饱和。取出试样,称量计算饱和度。

第三节 土工试验

一、含水率试验

土的含水率是指试样所含水的质量占干燥(试样烘干至恒重)试样的百分率。含水率检测方法有多种,包括烘干法、酒精燃烧法、炒干法和实容积法。

烘干法也是实验室的标准方法,适用于有电力设备的地方,试验简便,成果稳定。

酒精燃烧法是在土样中加入酒精,利用酒精能在土上燃烧,使土中水分蒸发,将土烤干。它是快速测定方法中较准确的一种。适用于没有烘箱的情况。

炒干法是利用电炉(或火炉)将试样炒干。适用于砂土或含砂砾较多的土。

实容积法是根据玻—马定律设计的速测含水量仪。它通过测定土中固相和液相的体积,按土的经验比重换算出土的含水量。适用于黏土。

此处以烘干法为例,介绍含水率试验。

(一)试验仪器设备

(1)电热烘箱:应能控制温度为 105 ~110 ℃;

(2)天平:称量 200 g,分度值 0.01 g。

(二)试验步骤

(1)取具有代表性的土样 15 ~30 g 或用环刀中的试样,有机质土、砂类土和整体状构造冻土为 50 g,放入已称好的称量盒 m_0 中盖好,用天平秤重 m_1(湿土加盒重),精确至 0.01 g。

(2)打开盒盖,放入烘箱中,在温度为 105 ~110 ℃烘至恒量。烘干时间对黏土、粉土不得少于 8 h;砂土不得少于 6 h;含有机质超干土质量 5% 的土,应将温度控制在 65 ~70 ℃的恒温下烘干至恒量。

(3)取出称量盒,盖上盒盖,放入干燥器中冷却至恒温,放在天平上称其质量 m_2(干土加盒重),精确至 0.01 g。

(4)按下式计算含水量:

$$\omega = \frac{m_\omega}{m_s} \times 100\% = \frac{m_1 - m_2}{m_2 - m_0} \times 100\%$$

(三)试验结果

本试验须进行两次平行测定,当两次测定值之差不超过 1.0%(土的含水率小于 40% 时),或不超过 2%(土的含水率大于 40% 时),则取平均值作为试验结果。

二、密度试验

土密度的试验方法分为环刀法、蜡封法、液体石蜡法和现场坑测法。

(1)环刀法是利用一定体积的环刀切削土样,使其充满其中,测定单位体积土的质量。试验成果的准确性在很大程度上取决于环刀的高度与直径之比。若环刀太高,则切土时的摩擦甚大;若直径太大,又不易切成平面,而且土样过于薄弱,其结构也易被扰动。故一般直径为 6 ~8 cm,高度为 2 ~2.5 cm,壁厚 0.15 ~0.2 cm 的环刀为宜,若在环刀内壁涂上聚四氟乙烯,则可减少土与环刀壁的摩擦。此法适用于一般性黏土,对坚硬易碎裂的土不适用。

(2)蜡封法适用于各种黏性土及不能用环刀切取试样的坚硬、易碎或形状不规则的土. 对于大孔性土,由于大量熔蜡会浸入土的孔隙中,故不宜采用此法。此法所测得的土密度值较其他方法的结果大,这是因为在任何情况下均有难以熔蜡浸入土内的缘故,因此在正常情况下不宜采用此法。

(3)液体石蜡法适用于各种黏性土,尤其对软土及坚硬、易碎或形状不规则的土体,可用此法。

(4)现场坑测法又分灌砂法和灌水法。此法常用于施工现场和山区含碎砾石地层的土的密度测定,可在探坑中用测量挖出的土的体积并同时称出土的重量的办法进行测定(土重不大于 300 kg)。对不规则的试坑体积测定,可用塑料膜袋放在坑内,然后测试塑料袋的容水量,来求试坑体积。

下面以环刀法为例,介绍土的密度试验。

(一)试验仪器设备

(1)环刀:内径61.8 mm和79.8 mm,高度20 mm。

(2)天平:称量500 g,分度值0.1 g;称量200 g,分度值0.01 g。

(二)试验步骤

(1)试样制备:

①按工程需要取原状土。

②制备扰动土试样:扰动土经风干后碾散,配制成天然含水量和所需状态的土样。

(2)将环刀内壁涂抹一层凡士林,刀口向下放在土样上,用手垂直将环刀按入土内。第一次只能按入环刀高度的1/3,然后将环刀周围的土用刀削掉,再将环刀按入1/3,最后土样两边的土要高于环刀。

(3)用切土刀将试样两边切去修平,擦净环刀外壁称量,精确至0.1g。

(三)试验结果

按下式计算土的密度

$$\rho = \frac{m}{V} = \frac{m_1 - m_2}{V}(\mathrm{g/cm^3})$$

式中 m_1——湿土加环刀重,g;

m_2——环刀重,g;

V——环刀内净体积,$\mathrm{cm^3}$。

本试验须进行两次平行测定,当两次平行测定值之差≤0.03 $\mathrm{g/cm^3}$时,取算术平均值作为试验结果。

三、相对密度试验

土颗粒相对密度是指土在100~105 ℃下烘干至恒重时的质量与同体积4 ℃纯水质量的比值。

根据土粒粒径的不同采用的测定方法就不同:若粒径小于5 mm的土,采用比重瓶法测定;粒径大于5 mm的土,其中含大于20 mm的颗粒小于10%时,用浮称法进行;含有大于20 mm颗粒大于10%时,用虹吸筒法进行;粒径小于5 mm部分用比重瓶法进行,取其加权平均值作为土粒的相对密度。

(一)比重瓶法

1. 试验仪器设备

(1)比重瓶:容量100 mL或50 mL;

(2)天平:称量200 g,分度值0.001 g;

(3)恒温水槽:准确度为±1 ℃;

(4)砂浴:应能调节温度;

(5)其他:烘箱、纯水或中性液体(如煤油等)、温度计(量程为0~50 ℃,分度值为0.5 ℃)、2 mm和5 mm土样筛等。

2. 试验步骤

(1)一般土的相对密度用纯水测定,但如发现土中含有可溶性的盐、亲水性胶体或有机质的土，需用中性液体（如煤油）测定。

（2）将比重瓶烘干，将烘干土约 15 g 装入 100 ml 的比重瓶内（若用 50 ml 的比重瓶，装烘干土约 10 g），称其质量，精确至 0.001 g。

（3）为排出土中空气，向装有烘干土的比重瓶中注入纯净水（或蒸馏水）至瓶的一半处，摇动比重瓶，并将比重瓶放在砂浴上沸煮。砂及砂质粉土煮沸时间不少于 30 min；黏土、粉土煮沸时间不少于 1 h。煮沸时比重瓶内的土液不能溢出瓶外。

（4）将纯净水注入比重瓶，注水至略低于瓶的刻线处，若是短颈瓶，应注水至近满，等瓶内悬液温度稳定及瓶的上部悬液澄清。若是长颈瓶，用滴管调至液面至刻线处。若是短颈比重瓶，则将瓶塞塞好，使多余水分从瓶塞毛细管中溢出，擦干瓶外和瓶内刻线以上部分的水分，称其质量 m_2（瓶＋水＋土），并立即测定瓶内水的温度。

（5）用与试验相同条件的水（水质相同、水温相同），将水注入比重瓶内，测其质量 m_1（瓶＋水）。

（6）用中性液体（如煤油等）代替纯水，测定含有可溶盐、亲水性胶体或有机质土时，用真空抽气法代替煮沸法排除土中的空气。抽气时真空度需接近一个大气压，从达到一个大气压时算起，抽气时间为 1～2 h，直至悬液内无气泡溢出为止。其余步骤与上相同。

3. 试验结果

（1）采用纯水测定时，按下式计算土的相对密度

$$G_S = \frac{m_d}{m_1 + m_d - m_2} \times G_{wt}$$

式中　G_S ——土的相对密度；

m_d ——干土质量，g；

G_{wt} ——t ℃时纯水的密度，g/cm³。

（2）采用中性液体测定时，按下式计算土的相对密度

$$G_S = \frac{m_d}{m'_1 + m_d - m'_2} \times G_{kt}$$

式中　m_d ——干土质量，g；

G_{kt} ——t ℃时中性液体的密度，g/cm³。

（二）浮称法

1. 试验仪器设备

静水力学天平，5 mm 和 20 mm 的土壤筛，烘箱，温度计。

2. 试验步骤

（1）取粒径大于 5 mm 具有代表性的土样 500～1 000 g，冲洗试样，至土粒表面无尘土和其他污物。

（2）向静水力学天平的盛水器中注入水，将天平调平。

（3）将试样在水中浸泡 24 h 后取出放入静水力学天平的吊篮框内，缓缓浸没水中，并将其轻轻摇晃直至无气泡为止。

（4）称其试样在水中的质量 m_2。

（5）取出试样烘干称其质量 m_d。

3. 试验结果

(1)按下式计算土的相对密度

$$G_S = \frac{m_d}{m_d - m_2} \times G_{wt}$$

式中 G_S ——土的相对密度;

m_d ——干土质量,g;

G_{wt} ——t ℃时纯水的密度,g/cm^3。

本试验须进行两次平行测定,当两次平行测定的差值≤0.02 时,则以两次测定的算术平均值作为结果,以两位小数表示。

(2)按下式计算土粒的平均相对密度

$$G_S = \frac{1}{\frac{P_1}{G_{S1}} + \frac{P_2}{G_{S2}}}$$

式中 G_{S1} ——粒径大于 5 mm 土粒的相对密度;

G_{S2} ——粒径小于 5 mm 土粒的相对密度;

P_1 ——粒径大于 5 mm 土粒占总质量的百分率;

P_2 ——粒径小于 5 mm 土粒占总质量的百分率。

(三)虹吸筒法

1. 试验仪器设备

虹吸筒、台秤(1 kg)、量筒(2 000 mL)、烘箱、5 mm 和 20 mm 的土壤筛,温度计等。

2. 试验步骤

(1)取粒径大于 5 mm 具有代表性的土样 700 ~ 1 000 g,冲洗试样,至土粒表面无尘土和其他污物。

(2)将试样在水中浸泡 24 h 后取出,擦干其表面水分称其质量 m。

(3)在虹吸筒内注入清水至管口有水溢出时,待管口没有水流出时关闭管夹,将试样慢慢放入箱中,边放边搅,直至无气泡为止,搅动时不要使水溅出筒外。

(4)称其量筒的质量 m_0。

(5)待筒内水平静时,开启管夹,让试样所排开的水通过虹吸管流入量筒中。称其量筒加水的质量 m_1。测定量筒内水的温度。

(6)取出筒内的试样,烘干称其质量 m_d。

3. 试验结果

(1)按下式计算土的比重

$$G_S = \frac{m_d}{(m_1 - m_0) - (m - m_d)} \times G_{wt}$$

式中 m ——擦干或晾干试样的质量,g;

m_0 ——量筒的质量,g;

m_{01} ——量筒和水的总质量,g;

m_d ——土的干质量,g;

G_{wt} ——t ℃时纯水的密度,g/cm^3。

本试验须进行两次平行测定,当两次平行测定的差值≤0.02 时,则以两次测定的算术平均值作为结果,精确至0.01。

(2)按下式计算土粒的平均相对密度

$$G_S = \frac{1}{\frac{P_1}{G_{S1}} + \frac{P_2}{G_{S2}}}$$

式中 G_{S1} ——粒径大于5 mm 土粒的相对密度;

G_{S2} ——粒径小于5 mm 土粒的相对密度;

P_1 ——粒径大于5 mm 土粒占总质量的百分率;

P_2 ——粒径小于5 mm 土粒占总质量的百分率。

四、击实试验

击实试验用于测定土的密度和含水率的关系,从而确定土的最大干密度与相应的最优含水率。击实试验分为轻型击实试验和重型击实试验两种方法,轻型击实试验适用于土粒的粒径小于5 mm 的土样,对于粒径大于5 mm 的土样,应用重型击实试验进行。

(一)试验仪器设备

击实仪、土样筛(5 mm、20 mm 和40 mm)、推土器、天平(称量200 g,分度值0.01 g)、台秤(称量10 kg,分度值5 g)等。

(二)试验步骤

(1)试样制备:分为轻型击实试验的试样制备和重型击实试验的试样制备。

①轻型击实试验的试样制备:称取具有代表性的风干土样20 kg,用木碾在橡皮板上碾散,过5 mm 的筛,测定风干土的含水率。按土的塑限估计其最优含水率,并依次相差2%的含水率制备一组(不少于5个试样),其中应有两个小于塑限含水率,一个等于塑限含水率,并按下式计算加水量。

$$m_w = \frac{m}{1 + \omega_0}(\omega - \omega_0)$$

式中 m_w ——土样所需加水的质量,g;

m ——风干土的土样质量,g;

ω_0 ——风干土的含水率;

ω ——土样所要求的含水率。

②重型击实试验的试样制备:称取具有代表性的风干土样50 kg,过20 mm 的筛,测定风干土的含水率,按土的塑限估计其最优含水率,并依次相差2%的含水率制备一组(不少于5个试样),其中应有至少3个试样小于塑限含水率,并按下式计算加水量。

$$m_w = \frac{m}{1 + \omega_0}(\omega - \omega_0)$$

式中 m_w ——土样所需加水的质量,g;

m ——风干土的土样质量,g;

ω_0 ——风干土的含水率;

ω ——土样所要求的含水率。

③按预定含水率制备土样:取一定量土样(轻型击实试样取2.5 kg,重型击实试样取5.

0 kg)，平铺在不吸水的平板上用喷水设备在土样上均匀喷洒预定的水量，边喷边翻，稍静置一段时间后，装入塑料袋或密封在盛土器内静置 24 h 备用。

(2)将击实仪放在坚实的地面上，击实筒底和筒内壁涂上少量润滑油。取制备好的试样一份(轻型击实试验分三层击实，每层需土样 600～750 g，重型击实试验分五层击实，每层需土样 750～950 g)装入击实筒内，平整其表面进行击实。

(3)若是轻型击实则每层击实 25 击，重型击实则每层击实 56 击，每层击实后应将其表面刨毛，再装入下一层土样。击实完成后，其超出击实筒的余土高度不大于 6 mm。

(4)用削土刀沿套环内壁削挖后，取下套环，沿筒顶削平试样，拆除底板。若试样底面超出筒外，也应将其削平。擦净筒外壁，称其质量。

(5)用推土器，将土样从击实筒内推出，从上向下切开土样，并在土样中心处各取两个 15 g 以上的土样测定其含水率。

(6)对不同含水率的试样依次击实。

(三)试验结果

(1)按下式计算土样击实后各试样的含水率

$$\omega = \frac{m - m_d}{m_d} \times 100\%$$

式中 m——湿土质量，g；

m_d——干土质量，g。

(2)按下式计算土样击实后各试样的干密度

$$\rho_d = \frac{\rho}{1 + \omega}$$

式中 ρ——土样的湿密度。

(3)按下式计算土的饱和含水率

$$\omega_{sat} = \left(\frac{\rho_w}{\rho_d} - \frac{1}{G_S}\right) \times 100\%$$

式中 G_S——土粒的相对密度；

ρ_w——水的密度，g/cm^3。

(4)绘图：以干密度为纵坐标，以含水率为横坐标，绘制干密度与含水率的关系曲线。曲线上峰值点的纵、横坐标分别表示土的最大干密度和最优含水率。若曲线不能给出峰值点，则须补点试验。

五、界限含水率试验

土的液限是指土体中水分减少，而由流动状态转向塑性状态时所保留的流体状态最低的含水量。土的塑限是指土自塑性状态蒸发水分，过渡到半固体状态时的含水量。

试验方法包括：锥式液限仪法、碟式液限仪法、液塑限联合测定仪法和滚搓法。

(1)锥式液限仪法是采用顶角 30，重 76 g 的圆锥仪，当土具有液限稠度时，锥体在 15 s 内的入土深度为 10 mm，此时土的含水量为液限。此法的优点是：仪器和操作简单，标准易于统一，测量精度比碟式液限仪高。

(2)碟式液限仪法的缺点是：在某些土中，尤其是含砂的土中，刮一个槽很困难，低塑性土在杯碟中有滑动趋势而不像塑性体那样流动，某些低塑性粉质土，由于振动趋于液化而不像塑性体那样流动，测定手续繁琐，它不仅要求操作者要有训练技能，而且还需用4~5个点的含水量决定下落次数。

（3）液塑限联合测定仪法是用重76 g的圆锥仪测定5 s时土在不同含水量时圆锥下沉深度，在双对数坐标纸上绘成圆锥下沉深度和含水量的关系直线，在直线上查得下沉深度为17 mm所对应的含水量为17 mm液限，查得下沉深度为10 mm所对应的含水量为10 mm液限，查得下沉深度为2 mm所对应的含水量为塑限。

（4）滚搓法是将土块用手指捏成橄榄形，然后用手掌在毛玻璃上轻压滚搓直至土条直径达3 mm左右自然断裂成1 cm左右的短条，即为塑限所对应的含水量。

下面以液塑限联合测定仪法为例，介绍测土的含水率试验。

（一）试验仪器设备

液塑限联合测定仪、天平（称量200 g，分度值0.01 g）

（二）试验步骤

（1）原则上应采用天然含水量的土样制备试样。当实际操作困难时，允许用风干土进行测定。

（2）当采用风干土时，将其土样放在橡皮板上用木碾碾散，过0.5 mm的筛后，取其具有代表性的土样200 g放在橡皮板上用纯水调成土膏，放入调土皿中，静置24 h。

（3）当采用天然含水量的土样时，取代表性土样200 g。若土中含有大于0.5 mm的颗粒时，应将土颗粒过0.5 mm的筛（有机质含量不超过5%的黏性土）。如用过0.5 mm的筛风干土。放在调土皿上加蒸馏水调成均匀土膏，用玻璃板盖住，静置一整夜。天然含水量土样的静置时间，可按其含水量大小而定，甚至可以不静置。

（4）取已制备好的试样用调土刀充分调拌均匀，分层装入试杯中。填土时不要使土内留有空隙或气泡，再齐杯口刮去多余的土，把杯放在杯座上，刮土时，不得反复用刀在土面上涂抹，以免土面上含水率增大。

（5）用布抹净锥体并涂以薄层凡士林或润滑油，接通电源，使电磁铁吸稳圆锥仪。

（6）调节屏幕准线，使初始读数在零位刻线处，调节升降座，使圆锥仪锥尖刚好接触土面，圆锥仪在自重作用下沉入土内，5 s后读出圆锥下沉深度。然后再取试杯中的试样10 g左右测定其含水率。用同样方法对其余两个试样进行试验。

（三）试验结果

（1）按下式计算含水率

$$\omega = \left(\frac{m}{m_d} - 1\right) \times 100\%$$

式中 m——湿土的质量，g；

m_d——干土的质量，g。

（2）绘图：绘制以含水率为横坐标，圆锥下沉深度为纵坐标的双对数坐标。在坐标上，将三个含水率与其相对应的圆锥下沉深度绘在坐标纸上，将其三点连成一条直线。如果三点不在一条直线上，则通过高含水率的一点与其余两点分别连成两条直线，在圆锥下沉深度为2 mm处查得相应的两个含水率，如果差值不超过2%，用平均值的点与高含水率的点做一条直线；若查得的两个含水率超过2%，则应补做试验。

在坐标图上查得圆锥下沉深度为10 mm时所对应的含水率为液限；查得圆锥下沉深度为2 mm时所对应的含水率为塑限。

（3）按下式计算塑性指数和液性指数

$$I_P = \omega_L - \omega_P$$

$$I_L = \frac{\omega - \omega_P}{I_P}$$

式中 I_P——塑性指数；

I_L——液性指数；

ω——土的天然含水率；

ω_P——土的塑性含水率；

ω_L——土的液限含水率。

六、相对密度试验

相对密度是指无黏性砂土处于最松状态的孔隙比与天然状态的孔隙比之差，和最松状态孔隙比与最紧密状态孔隙比之差的比值。相对密度是无黏性土紧密程度的指标，对于土作为材料的建筑物和地基的稳定性，特别是在抗震稳定性方面具有重要的意义。

本试验适用于粒径小于5 mm而能自由排水的无黏性土。最大孔隙比采用漏斗法和量筒法；最小孔隙比采用振动锤击法。

（一）试验仪器设备

（1）击锤：质量1.25 kg，落距150 mm；

（2）锥形塞杆；

（3）砂面拂平器；

（4）电动相对密度仪；

（5）金属容器：①容积250 mL、内径50 mm、高127 mm；②容积1 000 mL、内径100 mm、高127 mm。

（二）试验步骤

1. 土的最小干密度试验步骤

（1）取有代表性烘干或充分风干的土样约1.5 kg用木碾在橡皮板上碾散并拌和均匀。

（2）将锥形塞杆从漏斗口穿入并向上提起，使锥体堵住漏斗管口，一并放入体积为1 000 mL的金属容器中。

（3）称取土样700 g，均匀倒入漏斗中，将漏斗与塞杆同时提高，移动塞杆使锥体略离开管口，管口应经常保持高出土面10～20 mm，使土样缓慢且均匀分布地落入量筒中。

（4）土样全部落入量筒后，取出漏斗与锥体塞杆，用砂面拂平器将土面拂平（勿使量筒振动，测出土样体积）。

（5）用手掌堵住量筒口，将量筒倒转，再迅速转回，反复几次，测出其土的体积最大值。

（6）用上述方法所测得的体积最大值，作为计算最大孔隙比的体积。

2. 土的最大干密度试验步骤

（1）取具有代表性烘干或充分风干的土样约2 kg，用木碾在橡皮板上碾散并拌和均匀。

（2）将土样分三次装入金属器进行振击。每次取土样600～800 g倒入1 000 mL的金属容器内，用振动叉以 150～200/min 的速度敲打容器两侧，并同时用击锤在土样表面以 30～60 击/min 的速度锤击直至土样体积不变形为止（5～10 min）。敲打时要用足够的力量使土样处于振动状态。

（3）若使用电动相对密度仪时，当土样第一次装入容器后，即开动机器，进行振击。

（4）若第三次装样时，应在容器上口安装套环。最后一次振荡完，取下套环，用削土刀将容器顶面多余的土样削去，称其质量，并记录试样体积，以计算其最小孔隙比。

（5）最小和最大密度需进行两次平行测定，其平行差值≤0.03 g/cm³ 时取算术平均值。

（三）试验结果

（1）按下式计算最小与最大干密度

$$\rho_{dmin} = \frac{m_d}{V_{max}} \quad \rho_{dmax} = \frac{m_d}{V_{min}}$$

式中 m_d ——土样干质量，g；

V_{dmax} ——土样最大体积，cm³；

V_{dmin} ——土样最小体积，cm³。

（2）按下式计算最大与最小孔隙比

$$e_{max} = \frac{\rho_w G_s}{\rho_{dmin}} - 1 \quad e_{min} = \frac{\rho_w G_s}{\rho_{dmax}} - 1$$

式中 ρ_w ——水的密度，g/cm³；

G_s ——土粒的相对密度。

（3）按下式计算相对密度

$$D_r = \frac{e_{max} - e_0}{e_{max} - e_{min}} \quad \text{或} = \frac{(\rho_d - \rho_{min})\rho_{dmax}}{(\rho_{dmax} - \rho_{min})\rho_d}$$

式中 e_0 ——土的天然孔隙比或填土的相应孔隙比；

ρ_d ——土的天然干密度或填土的相应干密度，g/cm³。

七、地基压实填土质量检测

建筑物地基需换土时，在地基回填施工前，应检验所用原材料的质量状况，选用符合设计要求的原材料进行回填。检测人员在接受委托时需要了解施工现场施工情况及所用压实机具的性能，以使施工方法和施工工艺状况符合设计要求的质量控制标准。明确抽样检查的范围、检测方法和抽取样本的数量。

（一）取样要求

（1）取样部位应具有代表性，并且应在面上分布均匀，不得随意挑选。

（2）压实填土地基质量检测所用环刀体积为：细粒土不小于 100 cm³（内径 50 mm），对砾质土和砂砾土应不小于 200 cm³（内径 70 mm）。当含砾量较多或碎石土而不能用环刀取样时，应采用灌砂法或灌水法。对于施工现场一般采用灌砂法。

（3）环刀取样时，应在压实层厚的下部 1/3 处取样，若下部 1/3 的厚度不足环刀高度时，以环刀底面达到下层顶面时环刀取满土样为准。

（二）取样数量要求

（1）每层检测的施工作业面一般不小于一个开间的面积。

(2)地基回填时，每层填筑时在1 000 m^3 以上时，每100 m^3 至少取样一组；在3 000 m^3 以上时，每300 m^3 至少取样一组；基槽每20延长米应取一组。对每层填筑量小于300 m^3 的工程，每层取样最少3组。

(3)对压实质量可疑和地基特定部位抽查时，取样数量视具体情况而定。

(4)压实层经检验后，凡取样试验不合格的部位应根据取样样本所代表的填筑范围进行重新压实或局部返工处理，并经复检合格后方可进行下一工序的施工。

(三)试验步骤

(1)将风干洁净的砂通过0.25 mm和0.5 mm的筛，取0.25～0.5 mm充分风干的砂装入容器内备用并同时测定砂的密度。

(2)在施工现场选取具有代表性的试点，将其表面压实的土层铲除并铲平。挖一直径为150～200 mm，深度为200～250 mm的试坑，将挖出的土放入容器内称其质量。

(3)将套环放在试坑中央，灌砂容器的漏斗对准套环，再将称好一定质量的砂装入灌砂容器内。打开容器阀门，使容器内的砂进入试坑内，当容器内的砂不动时，关闭阀门，取下灌砂器内剩余砂的质量。

(4)将挖出的土测其含水率。

(四)试验结果

(1)按下式计算土样的湿密度

$$\rho = \frac{m_1}{m_2 - m_3} \times \rho_n$$

(2)按下式计算土样的干密度

$$\rho = \frac{\rho_n}{1 + \omega}$$

式中 m_1 ——从试坑中所取出的湿土的质量，g；

m_2 ——灌砂容器中所装砂的总质量，g；

m_3 ——灌砂容器中所剩余的质量，g；

ρ_n ——砂的密度，g/cm^3；

ω——土的含水率。

(3)计算压实系数(压实度)。

$$\lambda_e = \frac{\rho_d}{\rho_{dmax}}$$

式中 ρ_d ——土样的干密度，g/cm^3；

ρ_{dmax} ——土样干密度最大值，g/cm^3。

(五)压实填土的质量评价

压实填土的质量以压实系数 λ_e 控制，并应根据结构类型和压实填土所在部位按表5-5确定压实系数 λ_e。

表 5-5　压实填土的质量控制标准

结构类型	填土部位	压实系数 λ_e	控制含水率(%)
砌体承重结构和框架结构	在地基主要受力层范围内	≥0.97	$\omega_{op}\pm 2$
	在地基主要受力层范围以下	≥0.95	
排架结构	在地基主要受力层范围内	≥0.96	
	在地基主要受力层范围以下	≥0.94	

注: 地坪垫层以下及基础底面标高以上的压实填土,压实系数 λ_e≥0.94。ω_{op}为最优含水率。

第六章　钢材试验

第一节　钢材试验基础知识

一、钢种及建筑钢材分类

钢是以铁为主要元素，碳含量在2%以下，并含有其他元素的铁碳合金。

建筑钢材是在严格的技术控制之下生产的材料，具有品质均匀、强度高、塑性和韧性好，可以承受冲击和振动荷载，能够切割、铆接、便于装配等特点。因此，被广泛用于工业与民用房屋建筑、道路桥梁、国防等工程中，是主要的建筑结构材料之一。

工程建设中，建筑钢材属于隐蔽材料，其品质优劣对工程影响较大，所以对钢材的质量评定对提高建筑工程质量、减少工程隐患具有重要意义。

（一）钢的种类

钢的品种繁多，为便于选用，将钢按不同分类方式进行分类。

（1）按钢的化学成分可分为碳素钢和合金钢两大类，见表6-1。

表6-1　钢的分类（按化学成分）

碳素钢	工业纯铁	含碳量≤0.04%	合金钢	低合金钢	合金元素总量≤5%
	低碳钢	含碳量≤0.25%		中合金钢	合金元素总量为5%～10%
	中碳钢	含碳量0.25%～0.60%		高合金钢	合金元素总量>10%
	高碳钢	含碳量>0.60%			

（2）按钢脱氧程度不同可分为沸腾钢、半镇静钢、镇静钢和特殊镇静钢，其特点见表6-2。

表6-2　钢的分类（按脱氧程度）

脱氧程度	符号	脱氧情况	特点	应用
沸腾钢	F	不完全	铸锭时大量气泡外溢，像水沸腾一样。其组织不够致密，化学偏析较为严重，质量较差，但成品率高，成本低	一般建筑结构
半镇静钢	B	比较完全	铸锭时少量气泡外溢，其性能介于沸腾钢和镇静钢之间	一般建筑结构
镇静钢	ZT、Z	完全	液体钢表面平静冷却凝固。其组织致密，化学成分均匀，性能稳定，质量较好，但成本较高	承受冲击、振动荷载或重要焊接结构

（3）按炼钢炉不同可分为转炉钢、平炉钢和电炉钢。

（4）按钢中硫、磷等有害杂质含量可分为普通钢、优质钢和高级优质钢。

(5)按不同用途可分为结构钢、工具钢和特殊钢。

建筑钢材主要采用碳素钢和普通低合金结构钢。

(二)建筑钢材的主要品种

建筑钢材是指建筑工程中使用的各种钢材的通称。建筑钢材的主要品种和用途见表6-3。

表6-3　常用建筑钢材的品种和用途

种类	建筑钢材主要品种	用途
型钢	热轧角钢、热轧槽钢、热轧轻型槽钢、热轧工字钢、热轧轻型工字钢、钢轨等	钢结构
钢筋	热轧光圆钢筋、热轧带肋钢筋、余热处理钢筋、冷轧带肋钢筋、冷轧扭钢筋、低碳热轧圆盘条等	钢筋混凝土结构、部分受轻荷载作用的预应力混凝土结构
钢丝和钢绞线	高强圆形钢丝、钢绞线	大跨度、重荷载的预应力混凝土结构

二、常用钢种的质量标准

(一)碳素结构钢

碳素结构钢原称普通碳素结构钢,在各类钢种中其产量最大、用途最广。主要轧制成型材(圆、方、扁、工、槽、角等钢材)、异型型钢(轻轨、窗框钢、汽车车轮轮辋钢等)和钢板,用于厂房、桥梁、船舶、建筑及工程结构。这类钢材一般不需经过热处理即可直接使用。

碳素结构钢按屈服点的大小分为Q195、Q215、Q235、Q255、Q275五个不同强度等级。各强度等级中又分为A、B、C、D四个不同的质量等级。

(1)碳素结构钢的牌号和化学成分应符合表6-4中的规定。

表6-4　碳素结构钢牌号及化学成分

牌号	等级	化学成分(%)					脱氧程度
		C	Mn	Si	S	P	
Q195	—	0.06~0.12	0.25~0.50	≤0.30	≤0.050	≤0.045	F、b、Z
Q215	A	0.09~0.15	0.25~0.55	≤0.30	≤0.050	≤0.045	F、b、Z
	B				≤0.045		
Q235	A	0.14~0.22	0.30~0.60	≤0.30	≤0.050	≤0.045	F、b、Z
	B	0.12~0.20	0.30~0.60		≤0.045		
	C	≤0.18	0.35~0.80		≤0.040	≤0.040	Z
	D	≤0.17			≤0.035	≤0.035	TZ
Q255	A	0.18~0.28	0.40~0.70	≤0.30	≤0.050	≤0.045	Z
	B				≤0.045		
Q275	—	0.28~0.38	0.35~0.80	≤0.35	≤0.050	≤0.045	Z

(2)碳素结构钢的力学性能。碳素结构钢的拉伸和冲击试验规定,见表6-5,弯曲试验规定,见表6-6。

表 6-5　碳素结构钢的拉伸和冲击试验

牌号	等级	拉伸性能试验													冲击试验	
		屈服点σ_{ss}(MPa)						抗拉强度σ_s(MPa)	伸长率δ_5(%)						温度(℃)	V型冲击功(纵向)(J)
		钢材厚度(直径)(mm)							钢材厚度(直径)(mm)							
		≤16	>16~40	>40~60	>60~100	>100~150	>150		≤16	>16~40	>40~60	>60~100	>100~150	>150		
Q195	—	195	185	—	—	—	—	315~430	33	32	—	—	—	—	—	—
Q215	A	215	205	195	185	175	165	335~450	31	30	29	28	27	26	—	—
	B														20	27
Q235	A	235	225	215	205	195	185	375~500	26	25	24	23	22	21	—	—
	B														20	27
	C														0	
	D														-20	
Q255	A	255	245	235	225	215	205	410~550	24	23	22	21	20	19	—	—
	B														20	27
Q275	—	275	265	255	245	235	225	490~630	20	19	18	17	16	15	—	—

表 6-6　碳素结构钢的弯曲试验

牌号	试样方向	冷弯试验:B = 2a 冷弯角度 180°		
		钢材厚度(直径)(mm)		
		60	60 ~ 100	100 ~ 200
Q195	纵	0	—	—
	横	0.5a		
Q215	纵	0.5a	1.5a	2a
	横	a	2a	2.5a
Q235	纵	a	2a	2.5a
	横	1.5a	2.5a	3a
Q255	—	2a	3a	3.5a
Q275	—	3a	4a	4.5a

注:B 为试样宽度,a 为钢材厚度(直径)。

各牌号 A 级钢的冷弯试验,在需方有要求时可进行。当冷弯试验合格时,抗拉强度上限可以不作交货条件。

(二)低合金高强度结构钢

低合金高强度结构钢在碳素结构的基础上,加入少量的一种或几种合金元素(总含量小于 5%)的一种结构。其目的是为了提高钢的屈服强度、抗拉强度、耐磨性、耐腐蚀性等。它是一种综合性能较为理想的建筑用钢,尤其在大跨度、承受振动荷载和冲击荷载的结构中更为适用。与碳素结构钢相比,可节约钢材 20% ~30%,而成本并不高。

低合金高强度结构钢按屈服点的大小分为 Q295、Q345、Q390、Q420、Q460 五个不同等级。各强度等级中又可分为 A、B、C、D、E 五个不同的质量等级。

(1)低合金高强度结构钢的化学成分应符合表 6-7 的规定。

(2)低合金高强度结构钢的力学性能应符合表 6-8 的规定。

三、常用钢材品种及其质量标准

(一)热轧光圆钢筋

1. 尺寸、外形、重量及允许偏差

(1)热轧光圆钢筋的公称直径范围为 8 ~20 mm,标准推荐的公称直径为 8 mm、10 mm、12 mm、16 mm、20 mm。热轧光圆钢筋公称横截面积与公称重量见表 6-9。

表 6-7　低合金高强度结构钢的化学成分

牌号	质量等级	化学成分(%)										
		C≤	Mn	Si	P≤	S≤	V	Nb	Ti	Al≥	Cr≥	Ni≤
Q295	A	0.16	0.80~1.50	0.55	0.045	0.045	0.02~0.15	0.015~0.060	0.02~0.20	—	—	—
	B	0.16	0.80~1.50	0.55	0.040	0.040	0.02~0.15	0.015~0.060	0.02~0.20	—	—	—
Q345	A	0.02	1.00~1.60	0.55	0.045	0.045	0.02~0.15	0.015~0.060	0.02~0.20	—	—	—
	B	0.02	1.00~1.60	0.55	0.040	0.040	0.02~0.15	0.015~0.060	0.02~0.20	—	—	—
	C	0.20	1.00~1.60	0.55	0.035	0.035	0.02~0.15	0.015~0.060	0.02~0.20	0.015	—	—
	D	0.18	1.00~1.60	0.55	0.030	0.030	0.02~0.15	0.015~0.060	0.02~0.20	0.015	—	—
	E	0.18	1.00~1.60	0.55	0.025	0.025	0.02~0.15	0.015~0.060	0.02~0.20	0.015	—	—
Q390	A	0.20	1.00~1.60	0.55	0.045	0.045	0.02~0.20	0.015~0.060	0.02~0.20	—	0.30	0.70
	B	0.20	1.00~1.60	0.55	0.040	0.040	0.02~0.20	0.015~0.060	0.02~0.20	—	0.30	0.70
	C	0.20	1.00~1.60	0.55	0.035	0.035	0.02~0.20	0.015~0.060	0.02~0.20	0.015	0.30	0.70
	D	0.20	1.00~1.60	0.55	0.030	0.030	0.02~0.20	0.015~0.060	0.02~0.20	0.015	0.30	0.70
	E	0.20	1.00~1.60	0.55	0.025	0.025	0.02~0.20	0.015~0.060	0.02~0.20	0.015	0.30	0.70
Q420	A	0.20	1.00~1.70	0.55	0.045	0.045	0.02~0.20	0.015~0.060	0.02~0.20	—	0.40	0.70
	B	0.20	1.00~1.70	0.55	0.040	0.040	0.02~0.20	0.015~0.060	0.02~0.20	—	0.40	0.70
	C	0.20	1.00~1.70	0.55	0.035	0.035	0.02~0.20	0.015~0.060	0.02~0.20	0.015	0.40	0.70
	D	0.20	1.00~1.70	0.55	0.030	0.030	0.02~0.20	0.015~0.060	0.02~0.20	0.015	0.40	0.70
	E	0.20	1.00~1.70	0.55	0.025	0.025	0.02~0.20	0.015~0.060	0.02~0.20	0.015	0.40	0.70
Q460	C	0.20	1.00~1.70	0.55	0.035	0.035	0.02~0.20	0.015~0.060	0.02~0.20	0.015	0.70	0.70
	D	0.20	1.00~1.70	0.55	0.030	0.030	0.02~0.20	0.015~0.060	0.02~0.20	0.015	0.70	0.70
	E	0.20	1.00~1.70	0.55	0.025	0.025	0.02~0.20	0.015~0.060	0.02~0.20	0.015	0.70	0.70

表 6-8　低合金高强度结构钢的力学性能

牌号	质量等级	拉伸性能						V 型冲击功(纵向)(J),≥				冷弯性能	
		屈服点σ_{ss}(MPa),≥				抗拉性能 σ_s(MPa)	伸长率 δ (%)	20 ℃	0 ℃	-20 ℃	-40 ℃	钢材厚度(直径)(mm)	
		钢材厚度(直径)(mm)											
		≤15	>16~35	>35~50	>50~100							≤16	>16~100
Q295	A	295	275	255	235	390~570	23					d=2a	d=3a
	B	295	275	255	235	390~570	23	34				d=2a	d=3a
Q345	A	345	325	295	275	470~630	21					d=2a	d=3a
	B	345	325	295	275	470~630	21	34				d=2a	d=3a
	C	345	325	295	275	470~630	22		34			d=2a	d=3a
	D	345	325	295	275	470~630	22			34		d=2a	d=3a
	E	345	325	295	275	470~630	22				27	d=2a	d=3a
Q390	A	390	370	350	330	490~650	19					d=2a	d=3a
	B	390	370	350	330	490~650	19	34				d=2a	d=3a
	C	390	370	350	330	490~650	20		34			d=2a	d=3a
	D	390	370	350	330	490~650	20			34		d=2a	d=3a
	E	390	370	350	330	490~650	20				27	d=2a	d=3a
Q420	A	420	400	380	360	520~680	18					d=2a	d=3a
	B	420	400	380	360	520~680	18	34				d=2a	d=3a
	C	420	400	380	360	520~680	19		34			d=2a	d=3a
	D	420	400	380	360	520~680	19			34		d=2a	d=3a
	E	420	400	380	360	520~680	19				27	d=2a	d=3a
Q460	C	460	440	420	400	550~720	17		34			d=2a	d=3a
	D	460	440	420	400	550~720	17			34		d=2a	d=3a
	E	460	440	420	400	550~720	17				27	d=2a	d=3a

注:d—弯心直径,a—试件厚度(直径)。

表 6-9　热轧光圆钢筋的公称横截面积与公称重量

公称直径（mm）	公称横截面积（mm^2）	公称重量（kg/m）	公称直径（mm）	公称横截面积（mm^2）	公称重量（kg/m）
6	28.27	0.222	22	380.1	2.98
8	50.27	0.395	25	490.9	3.85
10	78.54	0.617	28	615.8	4.83
12	113.1	0.888	32	804.2	6.31
14	153.9	1.21	36	1 018	7.99
16	201.1	1.58	40	1 257	9.87
18	254.5	2.00	50	1 964	15.42
20	314.2	2.47			

钢筋的公称横截面积与公称重量也可采用公式计算，公式如下：

$$A = \pi(\frac{d}{2})^2 m = A \times 1 \times \rho$$

式中　A——钢筋的公称横截面积，mm^2；

m——钢筋的公称重量，kg；

d——钢筋的公称直径，mm；

ρ——钢筋的重量密度，取 7 850 kg/m^3。

（2）热轧光圆钢筋的截面形式如图 6-1 所示。

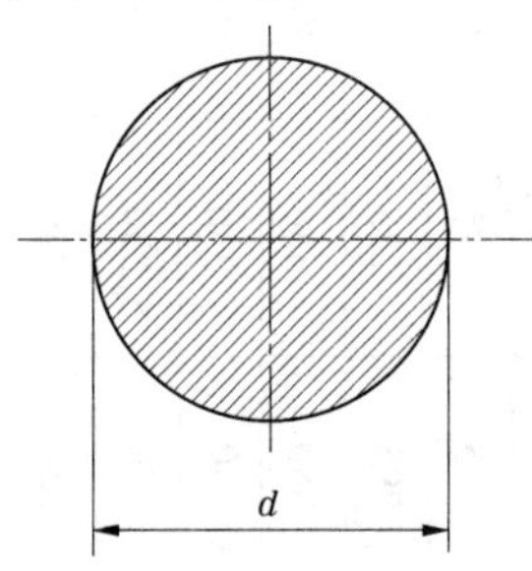

图 6-1　热轧光圆钢筋截面形状示意图

热轧光圆钢筋的直径允许偏差和不圆度应符合表 6-10。

表 6-10　热轧光圆钢筋的直径允许偏差和不圆度规定

公称直径（mm）	直径允许偏差（mm）	不圆度（mm）
≤20	±0.40	≤0.40

（3）热轧光圆钢筋按直条交货时，其通常长度为 3.5 ~ 12 mm。钢筋按定尺或倍尺长度交货时，应再合同中注明。其长度允许偏差不得大于 ±50 mm。钢筋每米弯曲度应不大于 4 mm，总弯曲度不大于钢筋总长度的 0.4%。

2. 牌号及化学元素成分

热轧光圆钢筋的强度等级代号、牌号及化学成分(熔炼分析)应符合表6-11的规定。钢中残余元素铬、镍、铜含量不应大于0.30%,氧气转炉钢的氮含量不应大于0.008%。

表6-11　热轧光圆钢筋的强度等级代号、牌号及化学元素成分

强度等级	牌号	化学成分(%)				
		C	Si	Mn	P	S
HPB235	Q235	0.14~0.22	0.12~0.30	0.30~0.65	≤0.045	≤0.050

3. 力学性能和工艺性能

热轧光圆钢筋的力学性能和冷弯性能应符合表6-12的规定。冷弯性能试验时,试件弯曲部位外表面不得产生裂纹。

表6-12　热轧光圆钢筋的力学性能和冷弯性能

强度等级代号	公称直径(mm)	力学性能			冷弯性能	
		屈服点σ_s(MPa)	抗拉强度σ_b(MPa)	伸长率δ(%)	冷弯角度	d—弯曲直径 a—钢筋公称直径
HPB235	8~20	≥235	≥370	≥25	180°	$d=a$

4. 外观质量

热轧光圆钢筋的外表不得有裂纹、结疤和折叠。表面凸块和其他缺陷的深度和高度不得大于所在部位尺寸的允许偏差。

(二)热轧带肋钢筋

1. 尺寸、外形、重量及允许偏差

(1)热轧带肋钢筋的公称直径范围为6~50 mm,标准推荐的钢筋公称直径分别为6 mm、8 mm、10 mm、12 mm、16 mm、20 mm、25 mm、32 mm、40 mm、50 mm。

(2)热轧带肋钢筋的表面形状如图6-2所示。

(3)热轧带肋钢筋通常按定尺寸长度交货,具体交货长度应在合同中注明。当以盘卷交货时,每盘应是一条钢筋,允许每批有5%的盘数(不足两盘时可有两盘)由两条钢筋组成。

(4)直条钢筋的弯曲度应不影响正常使用,总弯曲度不大于钢筋总长度的0.4%。钢筋端部应剪切正直,局部变形应不影响使用。

(5)热轧带肋钢筋的实际重量与理论重量的允许偏差应符合表6-13中的规定。

表6-13　热轧带肋钢筋的实际重量与理论重量允许偏差

公称直径(mm)	6~12	14~20	22~50
实际重量与理论重量偏差(%)	±7	±5	±4

2. 强度等级代号及化学成分

热轧带肋钢筋的牌号由HRB和牌号的屈服点最小值构成。H、R、B分别为热轧(Hot rolled)、带肋(Ribbed)、钢筋(Bars)三个词的英文首位字母。热轧带肋钢筋分为HRB235、

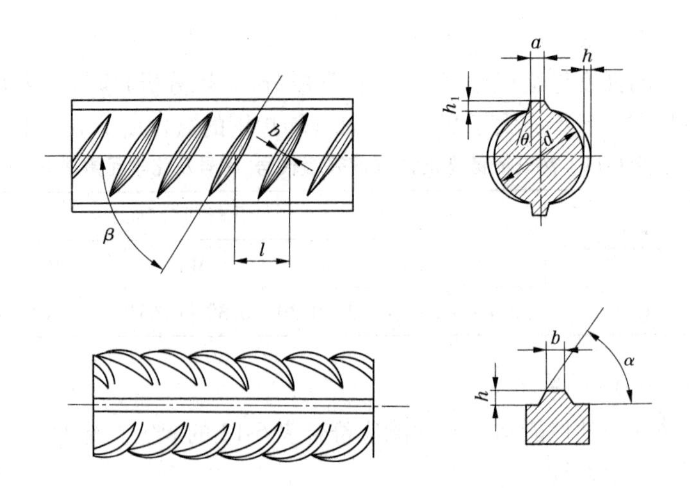

d—钢筋内径；α—横肋斜角；h—横肋高度；β—横肋与轴线夹角；h_1—纵肋高度；

θ—纵肋斜角；a—纵肋顶宽；l—横肋间距；b—横肋顶宽

图 6-2　热轧带肋钢筋的表面形状示意图

HRB400、HRB500 三个强度等级代号，其化学成分应符合表 6-14 中的规定。

表 6-14　热轧带肋钢筋化学成分

强度等级代号	化学成分					
	C	Si	Mn	P	S	Ceq
HRB335	0.25	0.80	1.60	0.045	0.045	0.52
HRB400	0.25	0.80	1.60	0.045	0.045	0.54
HRB500	0.25	0.80	1.60	0.045	0.045	0.55

3. 力学性能和冷弯性能

热轧带肋钢筋的力学性能和冷弯性能应符合表 6-15 中的规定。冷弯性能试验时，钢筋试件的弯曲部位表面不得产生裂纹。

表 6-15　热轧带肋钢筋的力学性能和冷弯性能

强度等级代号	公称直径（mm）	力学性能			冷弯性能	
		屈服点 σ_s（MPa）	抗拉强度 σ_b（MPa）	伸长率 δ（%）	冷弯角度	d—弯曲直径 a—钢筋公称直径
HRB335	6～25 28～50	≥335	≥490	≥16	180°	$d=3a$ $d=4a$
HRB400	6～25 28～50	≥400	≥570	≥14	180°	$d=4a$ $d=5a$
HRB500	6～25 28～50	≥500	≥630	≥12	180°	$d=6a$ $d=7a$

根据需方要求，钢筋可进行反向弯曲性能试验。反向弯曲试验的弯心直径比弯曲试验

相应增加一个钢筋直径。先正向弯曲45°,后反向弯曲23°。经反向弯曲试验后,钢筋受弯曲部位表面不得产生裂纹。

4. 外观质量

热轧带肋钢筋的外表面不得有裂纹、结疤和折叠。其表面允许有凸块,但不得超过横肋的高度,钢筋表面上其他缺陷的深度和高度不得大于所在部位尺寸的允许偏差。

(三)余热处理钢筋

余热处理钢筋性能均匀,晶粒细小,在保证良好塑性、焊接性能的条件下,屈服点约提高10%,用作钢筋混凝土结构的配筋,可节约材料,并提高构件的安全可靠性。

1. 尺寸及公称重量

(1)余热处理构件的公称直径范围为8~40 mm,推荐的钢筋公称直径为8 mm、10 mm、12 mm、16 mm、20 mm、25 mm、32 mm和40 mm。钢筋的公称横截面积与公称重量见表6-16。

表6-16　余热处理钢筋的公称横截面积与公称重量

公称直径(mm)	公称横截面积(mm^2)	公称重量(kg/m)	公称直径(mm)	公称横截面积(mm^2)	公称重量(kg/m)
8	50.27	0.395	22	380.1	2.98
10	78.54	0.617	25	490.9	3.85
12	113.1	0.888	28	615.8	4.83
14	153.9	1.21	32	804.2	6.31
16	201.1	1.58	36	1 018	7.99
18	254.5	2.00	40	1 257	9.87
20	314.2	2.47			

注:表中公称横截面积和公称重量均可按公式计算得出,其中钢筋的密度为7 850 kg/m^3。

(2)余热处理钢筋按直条交货时,其通常长度为3.5~12 m。其中长度为3.5 m至小于6 m之间的钢筋不应超过每批重量的3%。以盘卷钢筋交货时,每盘应是一整盘钢筋,其盘重及盘径应由供需双方协商。

(3)余热处理钢筋可按实际重量或公称重量交货。当按重量偏差交货时,其实际重量与公称重量的允许偏差应符合表6-17的规定。

表6-17　余热处理钢筋重量允许偏差

公称直径(mm)	8~12	14~20	22~40
实际重量与理论重量的偏差(%)	±7	±5	±4

2. 强度等级代号及化学成分

余热处理带肋钢筋的强度等级代号为KL400,其化学成分(熔炼分析)应符合表6-18中的规定。

表 6-18　余热处理带肋钢筋的化学成分

表面形状	强度等级代号	牌号	化学成分(%)				
			C	Si	Mn	P	S
月牙肋	KL400	20MnSi	0.17～0.25	0.40～0.80	1.20～1.60	≤0.045	≤0.045

钢中铬、镍、铜的残余含量不大于0.30%，其总量不大于0.60%。经需方同意，铜的残余含量不可大于0.35%。氧气转炉钢的氮含量不应大于0.008%，采用吹氧复合吹炼工艺冶炼的钢，氮含量可不大于0.012%。

3. 力学性能和冷弯性能

余热处理钢筋的力学性能和冷弯性能应符合表 6-19 中的规定。冷弯试验时，试件弯曲部位外表面不得产生裂纹。

表 6-19　余热处理钢筋的力学性能和冷弯性能

强度等级代号	公称直径(mm)	力学性能			冷弯性能	
		屈服点σ_s(MPa)	抗拉强度σ_b(MPa)	伸长率δ(%)	冷弯角度	d—弯曲直径 a—钢筋公称直径
KL400	8～25 28～40	≥440	≥600	≥14	90°	$d=3a$ $d=4a$

(四)冷轧带肋钢筋

冷轧带肋钢筋是由热轧圆盘条经冷轧减径后，在其表面冷轧成为三面或二面有横肋的钢筋。冷轧带肋钢筋的牌号由 CRB 和钢筋的抗拉强度最小值构成。冷轧带肋钢筋按抗拉强度分为 CRB550、CRB650、CRB800、CRB970、CRB1170 五个牌号。CRB550 为普通钢筋混凝土用钢筋，其他牌号为预应力混凝土用钢筋。

1. 尺寸、外形、重量及允许偏差

(1)CRB550 钢筋的公称直径范围为 4～12 mm。CRB650 及以上牌号钢筋的公称直径分别为 4 mm、5 mm、6 mm。

(2)冷轧带肋钢筋有三面横肋和二面横肋的钢筋，其外形如图 6-3 和图 6-4 所示。

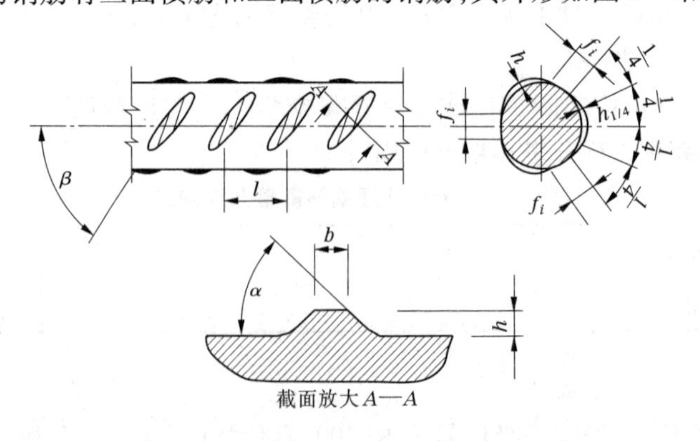

图 6-3　三面肋钢筋表面及截面形状示意图

(3)冷轧带肋钢筋的重量及允许偏差应符合表 6-20 中的规定。

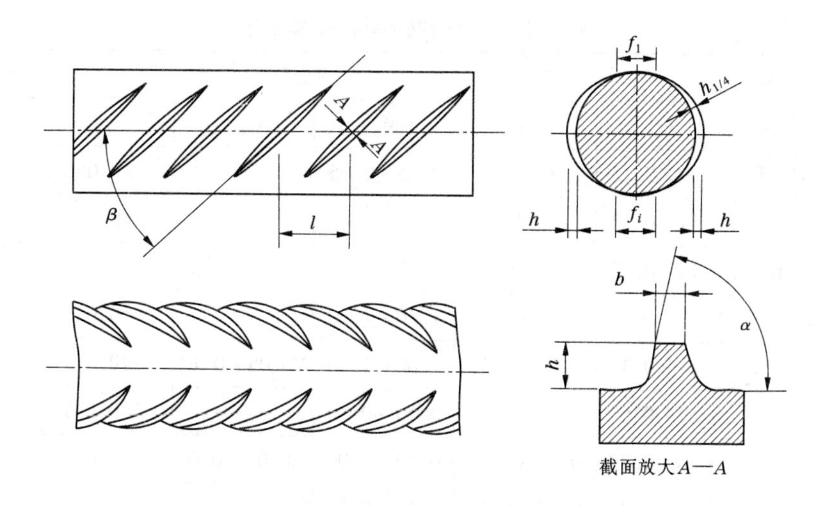

图 6-4　二面肋钢筋表面及截面形状示意图

表 6-20　冷轧带肋钢筋的重量及允许偏差

公称直径(mm)	公称横截面积(mm^2)	公称重量(kg/m)	允许偏差(%)	公称直径(mm)	公称横截面积(mm^2)	公称重量(kg/m)	允许偏差(%)
4	12.6	0.099	±4	8.5	56.7	0.445	±4
4.5	15.9	0.125		9	63.6	0.499	
5	19.6	0.154		9.5	70.8	0.556	
5.5	23.7	0.186		10	78.5	0.617	
6	28.3	0.222		10.5	86.5	0.679	
6.5	33.2	0.261		11	95.0	0.746	
7	38.5	0.302		11.5	103.8	0.815	
7.5	44.2	0.347		12	113.1	0.888	
8	50.3	0.395					

(4)冷轧带肋钢筋通常按盘卷交货，CRB550 钢筋也可按直条交货。钢筋按直条交货时，其长度及允许偏差按供需双方协商确定。直条钢筋的每米弯曲度不大于 4 mm，总弯曲度不大于钢筋全长的 0.4%。盘卷钢筋的重量不小于 100 kg。每盘应由一根钢筋组成，CRB650 及以上牌号钢筋不得有焊接接头。直条钢筋按同一牌号、同一规格、同一长度成捆交货，捆重由供需双方协商确定。

2. 冷轧带肋钢筋的化学成分

冷轧带肋钢筋的化学成分应符合表 6-21 中的规定。

表 6-21　冷轧带肋钢筋的化学成分

钢筋牌号	盘条牌号	化学成分(%)					
		C	Si	Mn	V、Ti	S	P
CRB550	Q215	0.09~0.15	≤0.30	0.25~0.55	—	≤0.050	≤0.045
CRB650	Q235	0.14~0.22	≤0.30	0.30~0.65	—	≤0.050	≤0.045
CRB800	24MnTi	0.19~0.27	0.17~0.37	1.20~1.60	Ti0.0~0.05	≤0.045	≤0.045
	20MnSi	0.17~0.25	0.40~0.80	1.20~1.60	—	≤0.045	≤0.045
CRB970	41MnSiV	0.37~0.45	0.60~1.10	1.00~1.40	V0.05~0.12	≤0.045	≤0.045
	60	0.57~0.65	0.17~0.37	0.50~0.80	—	≤0.035	≤0.035
CRB1170	70Ti	0.66~0.70	0.17~0.37	0.60~1.00	Ti0.01~0.05	≤0.050	≤0.045
	70	0.67~0.75	0.17~0.37	0.50~0.80	—	≤0.035	≤0.035

3. 力学性能和工艺性能

冷轧带肋钢筋的力学性能和工艺性能应符合表 6-22 中的规定。弯曲试验时，钢筋试件弯曲部位外表面不得产生裂纹。反复弯曲试验的弯曲半径应按表 6-23 中的规定选择。

表 6-22　冷轧带肋钢筋的力学性能和工艺性能

钢筋牌号	抗拉强度 σ_b(MPa)	伸长率 δ(%)		弯曲试验 180°	反复弯曲次数	松弛率(初始应力 $\sigma_{con}=0.7\sigma_b$)(%)	
		δ_{10}	δ_{100}			1 000 h	10 h
CRB550	≥550	≥8.0	—	$d=3a$	—	—	—
CRB650	≥650	—	≥4.0	—	3	≤8	≤5
CRB800	≥800	—	≥4.0	—	3	≤8	≤5
CRB970	≥970	—	≥4.0	—	3	≤8	≤5
CRB1170	≥1 170	—	≥4.0	—	3	≤8	≤5

注：表中 d 为弯心直径，a 为钢筋公称直径。

表 6-23　反复弯曲试验的弯曲半径

公称直径(mm)	4	5	6
弯曲半径(mm)	10	15	15

钢筋的规定非比例伸长应力为$\sigma_{p0.2}$值不应小于公称抗拉确定σ_b的 80%，$\sigma_b/\sigma_{p0.2}$比值应不小于 1.05。供方在保证 1 000 h 松弛率合格基础上，试验可按 10 h 应力松弛试验进行。

4. 外观质量

冷轧带肋钢筋的表面不得由裂纹、折叠、结疤、油污及其他影响使用的缺陷。钢筋表面可有浮锈，但不得有锈皮及目视可见的麻坑等腐蚀现象。

(五)冷轧扭钢筋

冷轧扭钢筋是采用低碳热轧圆盘条经专用钢筋冷轧扭机调直、冷轧并冷扭一次成型，具有规定截面形状和节距的连续螺旋状钢筋。

冷轧扭钢筋按其截面形状不同分为两种类型：Ⅰ型（矩形截面）和Ⅱ型（菱形截面）。

冷轧扭钢筋的型号标记由产品名称的代号、特性代号、主参数代号和改型代号四部分组成，如图6-5所示。

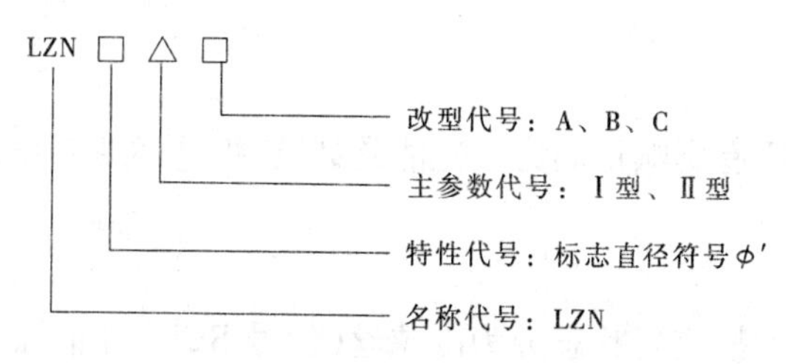

图6-5 冷扎扭钢筋的型号标记

冷轧扭钢筋：标志直径为10 mm，矩形截面。

1. 轧扁厚度、节距、公称横截面积、公称重量和允许偏差

（1）冷轧扭钢筋的轧扁厚度、节距应符合表6-24中的规定。

表6-24 冷轧扭钢筋的轧扁厚度及节距

类型	标志直径 d（mm）	轧扁直径 t（mm）	节距 l_1（mm）
Ⅰ型	6.5	≥3.7	≤75
	8	≥4.2	≤95
	10	≥5.3	≤110
	12	≥6.2	≤150
	14	≥8.0	≤170
Ⅱ型	12	≥8.0	≤145

（2）冷轧扭钢筋的公称横截面积和公称重量应符合表6-25中的规定。

表6-25 冷轧扭钢筋的公称横截面积和公称重量

类型	标志直径 d（mm）	公称横截面积 A（mm）	公称重量 G（kg/m）
Ⅰ型	6.5	29.5	0.232
	8	45.3	0.356
	10	68.3	0.536
	12	93.3	0.733
	14	132.7	1.042
Ⅱ型	12	97.8	0.768

（3）冷轧扭钢筋定尺长度允许偏差：单根钢筋长度大于8 m时为±15 mm；单根长度不大于8 m时为±10 mm。

（4）冷轧扭钢筋实际重量和公称重量的负偏差不应大于5%。

2. 力学性能

冷轧扭钢筋力学性能和冷弯性能应符合表6-26中的规定。

表 6-26　冷轧扭钢筋的力学性能和冷弯性能

抗拉强度σ_b(N/ mm^2)	伸长率δ_{10}(%)	冷弯性能(冷弯角度 180°,弯心直径 = $3d$)
≥580	≥4.5	受弯曲部位表面不得产生裂纹

注:d 为冷轧扭钢筋标志直径。

3. 外观质量

冷轧扭钢筋表面不应有影响钢筋力学性能的裂纹、折叠、结疤、压痕、机械损伤或其他影响使用的缺陷。

(六)钢丝

预应力混凝土用钢丝按交货状态分为冷拉丝(代号 RCD)和消除应力两种。

消除应力钢丝按外形分为光圆钢丝(代号 S)、螺旋肋钢丝(代号 SH)和刻痕钢丝(代号 SI)三种;按松弛性能又分为低松弛级钢丝(代号 WLR)和普通松弛钢丝(代号 WNR)两种。

1. 尺寸和允许偏差

(1)光圆钢丝的尺寸和允许偏差应符合表 6-27 中的规定。

表 6-27　光圆钢丝的尺寸和允许偏差

钢丝公称直径(mm)	直径允许偏差(mm)	横截面积(mm^2)	理论重量(kg/m)
3.00	±0.04	7.07	0.055
4.00		12.57	0.099
5.00	±0.05	19.63	0.154
6.00		28.27	0.222
7.00	±0.05	38.48	0.302
8.00		50.26	0.394
9.00		63.26	0.499

(2)两面刻痕钢丝的外观形状见图 6-6,其尺寸和允许偏差应符合表 6-28 中的规定。

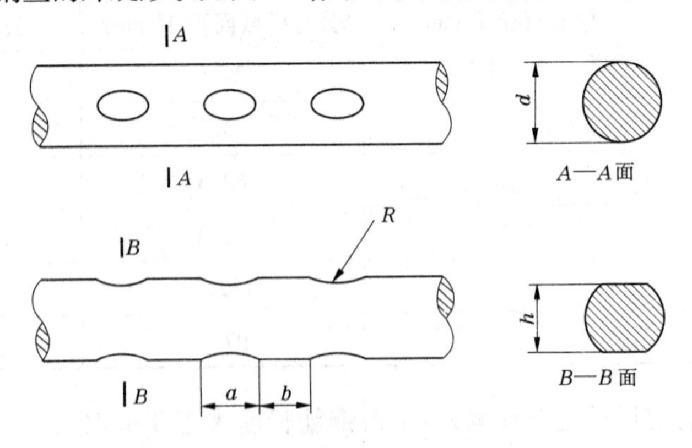

图 6-6　两面刻痕钢丝外形示意图

表 6-28　两面刻痕钢丝的尺寸和允许偏差

d(mm)		h(mm)		a(mm)		b(mm)		R(mm)	
公称直径	允许偏差	公称尺寸	允许偏差	公称尺寸	允许偏差	公称尺寸	允许偏差	公称尺寸	允许偏差
5.00 7.00	±0.05	4.60 6.60	±0.10	3.50	±0.50	3.50	±0.50	4.50	±0.50

(3)三面刻痕钢丝的外形见图 6-7,其尺寸和允许偏差应符合表 6-29 中的规定。

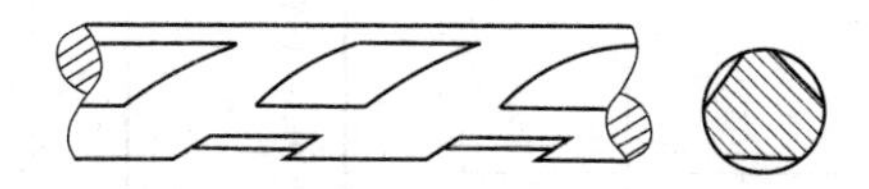

图 6-7　三面刻痕钢丝外形示意图

表 6-29　三面刻痕钢丝的尺寸和允许偏差

公称直径	公称刻痕尺寸		
	深度 a(mm)	长度 b(mm)	节距 L(mm)
≤5.00	0.12 ±0.05	≥3.5	≥5.5
>5.00	0.15 ±0.05	≥5.0	≥8.0

(4)钢丝的不圆度不得超出公差之半。

(5)每盘钢丝由一根组成,其盘重一般不小于 80 kg,最低质量不小于 20 kg,每个交货批中最低质量的盘数不得多于 10%。消除应力钢丝直径不大于 5.00 mm 的盘径不小于 1 700 mm,直径大于 5.0 mm 的盘径不小于 2 000 mm,冷拉钢丝的盘径不小于 600 mm,经供需双方协议,也可供应 4 盘径不小于 550 mm 的钢丝。

2. 制造钢丝用钢

制造钢丝用钢由供方根据钢丝直径和力学性能确定。其化学成分应符合优质碳素结构钢规定,见表 6-30。

表 6-30　制造钢丝用钢的化学成分

牌号	化学成分(%)						
	C	Si	Mn	P	S	Cr	Ni
70 号钢	0.67 ~0.75	0.17 ~0.37	0.50 ~0.80	≤0.040	≤0.040	≤0.25	≤0.25
75 号钢	0.72 ~0.80	0.17 ~0.37	0.50 ~0.80	≤0.040	≤0.040	≤0.25	≤0.25
80 号钢	0.77 ~0.85	0.17 ~0.37	0.50 ~0.80	≤0.040	≤0.040	≤0.25	≤0.25

3. 力学性能

(1)消除应力钢丝的力学性能应符合表 6-31 中的规定。

(2)刻痕钢丝的力学性能应符合表 6-32 中的规定。

表 6-31　消除应力钢丝得力学性能

公称直径（mm）	抗拉强度 σ_b（MPa）	规定非比例伸长应力 σ_p（MPa）	伸长率（L_0 = 100 mm）（%）	弯曲次数		松弛		
				（180°）次数	弯曲半径（mm）	初始应力相当于公称抗拉强度的百分数（%）	1 000 *h* 应力损失（%）不小于	
							普通松弛级	低松弛级
4.00	≥1 470	≥1 250	≥4	≥3	5	60	4.5	1.0
5.00	≥1 570 ≥1 670 ≥1 770	≥1 330 ≥1 410 ≥1 500		≥4	15	70	8	2.5
6.00	≥1 570 ≥1 670	≥1 330 ≥1 420						
7.00	≥1 470 ≥1 570	≥1 250 ≥1 330	≥4	≥4	20	80	12	4.5
8.00								
9.00					25			

注：规定非比例伸长应力 $\sigma_{10.2}$ 值不小于公称抗拉强度的 85%。伸长率检测时，也可采用 L_0 = 200 mm 最大负荷下的伸长率，其值不小于 3.5%。

表 6-32　刻痕钢丝的力学性能

公称直径（mm）	抗拉强度 σ_b（MPa）	规定非比例伸长应力 σ_p（MPa）	伸长率（L_0 = 100 mm）（%）	弯曲次数		松弛		
				（180°）次数	弯曲半径（mm）	初始应力相当于公称抗拉强度的百分数（%）	1 000 *h* 应力损失（%）不小于	
							普通松弛级	低松弛级
≤5.00	≥1 470 ≥1 570	≥1 250 ≥1 340	≥4	3	15	70	8	2.5
>5.00	≥1 470 ≥1 570	≥1 250 ≥1 340			20			

注：规定非比例伸长应力 $\sigma_{10.2}$ 值不小于公称抗拉强度的 85%。

4. 外观质量

钢丝外表面不得有裂纹、小刺、机械损伤、氧化铁皮和油污。消除应力钢丝表面产生回火颜色是正常颜色。

（七）钢绞线

预应力混凝土钢绞线（简称钢绞线）是由多根圆形断面钢丝机械捻合而成，然后经消除应力回火或稳定处理，卷成盘。

钢绞线按捻制结构可分为2股钢绞线（1×2）、3股钢绞线（1×3）和7股钢绞线（1×7）三种；按其应力松弛性能分为Ⅰ级松弛钢绞线（是消除应力回火的普通松弛钢绞线）和Ⅱ级松弛钢绞线（经稳定化机组处理的低松弛钢绞线）；按其捻制工艺分为标准型钢绞线（捻成后不经模型拔制）和模板型钢绞线（捻成后经模型拔制）。

1. 规格尺寸

（1）钢绞线的规格尺寸应符合表6-33中的规定。

（2）每盘钢绞线均为一整根盘成，最短线长200 m，盘径600～950 mm。

表6-33　钢绞线的规格尺寸

钢绞线结构	公称直径（mm）		钢绞线直径允许偏差（mm）	钢绞线公称截面面积（mm^2）	每1 000 m钢绞线理论重量（kg）
	钢绞线	钢丝			
1×2	10.0	5.0	+0.30 −0.15	39.5	310
	12.0	6.0		56.9	447
1×3	10.8	5.0	+0.30 −0.15	59.3	465
	12.9	6.0		85.4	671
1×7标准型	9.5		+0.30 −0.15	54.8	432
	11.1			74.2	580
	12.7		+0.40 −0.20	98.7	774
	15.2			139.0	1 101
1×7模拔型	12.7		+0.40 −0.20	112.0	890
	15.2			165.0	1 295

注：7股钢绞线的中心钢丝直径加大范围不小于2.0%。

2. 力学性能

钢绞线的力学性能应符合表6-34中的规定。钢绞线的条件屈服负荷一般不小于整根钢绞线最大负荷（即拉断负荷）的85%。

3. 外观质量

钢绞线表面不应带由润滑油、油渍等降低钢绞线与混凝土黏结力的物质，钢绞线表面有浮锈不影响质量，但不能有目视可见的麻点，钢绞线不应有折断、横裂和相互交叉的钢丝，也不能带有任何形式的电焊接头。

表 6-34　钢绞线的力学性能

钢绞线结构	公称直径(mm)		强度级别(MPa)	整根钢绞线的最大负荷(kN)	屈服负荷(kN)	伸长率(%)	1 000 h 松弛率不大于(%)			
							Ⅰ级松弛		Ⅱ级松弛	
							初始负荷			
							70%最大负荷	80%最大负荷	70%最大负荷	80%最大负荷
1×2	10.0		1 720	≥67.9	≥57.7	3.5	8.0	12	2.5	4.5
	12.0			≥97.9	≥83.2					
1×3	10.8			≥102	≥86.7					
	12.9			≥147	≥125					
1×7	标准型	9.5	1 860	≥102	≥86.6					
		11.10	1 860	≥138	≥117					
		12.70	1 860	≥184	≥156					
		15.20	1 720	≥239	≥203					
			1 860	≥259	≥220					
	模拔型	12.70	1 860	≥209	≥178					
		15.20	1 820	≥300	≥255					

第二节　取样规定

钢及钢产品试样的取样要求、取样方法及注意事项如下：

(一)一般要求

(1)样坯应在外观尺寸合格的钢材上切取。

(2)应对抽样产品、样坯和试样做好标记，以保证始终识别取样的位置及方向。

(3)取样时，应防止过热、加工硬化而影响力学性能。采用烧制割法取样时，从样坯切割线至试样边缘必须留有足够的加工余量，一般应不小于钢材的厚度或直径，但最小不得小于 20 mm。冷剪样坯所留的加工余量可按表 6-35 中的要求选取。

表 6-35　冷剪样坯所留加工余量

钢材厚度或直径(mm)	≤4	4～10	10～20	20～35	>35
加工余量(mm)	4	厚度或直径	10	15	20

(4)取样的方向应由产品标准或供需双方协议规定。

(二)取样方法及取样注意事项

1. 钢筋及钢绞线的取样

(1)直条钢取样部位应平直；盘卷钢筋取样部位应圆滑。拉伸试样长度宜为 300～500

mm，见表6-36。重量偏差试样长度不应小于500 mm，试样两端应平滑且与长度方向垂直，钢筋直径越大，试样应越长。

表6-36　试样夹具之间的最小自由长度

钢筋公称直径(mm)	试样夹具直径的最小自由长度(mm)
$d \leqslant 25$	350
$25 < d \leqslant 32$	400
$32 < d \leqslant 50$	500

(2)钢绞线拉伸试样不得有松散现象，试样长度宜为1 000～1 200 mm。

(3)钢筋、钢丝和钢绞线应按批检查验收。每批由同一生产厂家、同一炉罐号、同一品种、同一规格、同一交货状态组成，同一进场时间为一验收批。验收批及试验试样的取样数量应符合表6-37中的规定。

表6-37　验收批及试验试样取样数量

品名	每批最多炉罐(个)	每验收批量(t)	抽样数量(根、盘)	每组试件数量(个)				
				拉伸	冷弯	冲击	反复弯曲	化学分析
碳素结构钢	6	≤60	1	1	1	3		1
低合金结构钢	6	≤60	1	1	1	3		1
热轧光圆钢筋	6	≤60	2	2	2		1	1
热轧带肋钢筋	6	≤60	2	2	2		1	1
余热处理钢筋	10	≤60	10%，≥25	10%，≥25				
冷轧带肋钢筋		≤60	逐盘	1				
冷轧扭钢筋		≤10		2	1			
钢丝		≤60	10%，≥15	20%，≥30				
钢绞线		≤10	15%，≥10	15%，≥10				

(4)试件切取时，应在钢筋的任意一端截去500 mm后切取。盘条、钢丝试件应从每盘的两端切取。

(5)试件的长度应按下式计算后截取。

拉伸试验试件：$L = L_0 + 2h + h_1$

冷弯试验试件：$L = 5d + 150$

式中　L——试件长度，mm；

L_0——拉伸试件的标距，mm，$L_0 = 5d$ 或 $L_0 = 10$；

h、h_0——分别为夹具长度和预留长度，mm，$h_1 = (0.5 \sim 1)d$；

d——钢筋的公称直径。

(6)试验结果如有一项不符合标准规定数值时，应另取双倍数量的试样重做各项试验，如仍有一项不合格，则该批判为不合格产品。

2. 型钢、条钢、钢板及钢管的取样

(1)拉伸试样。试样的形状与尺寸取决于要被试验的金属产品的形状与尺寸。

通常从产品、压制坯或铸件切取样坯经加工制成试样。但具有恒定横截面积的产品(型材、棒材、线材)和铸造试样可以不经机加工而进行试验。试样横截面可以为圆形、矩形、多边形、环形等。

钢产品拉伸试样长度宜为500～700 mm。对于厚度为0.1～3 mm的薄板和薄带，宜采用20 mm宽的拉伸试样，对于宽度小于20 mm的产品，试样宽度可以相同于产品宽度；对于厚度大于或等于3 mm的板材，矩形截面试样宽厚比不宜超过8∶1。

(2)弯曲试样。应在钢产品表面切取弯曲样坯，对于板材、带材和型材，试样厚度应为原产品厚度；如果产品厚度大于25 mm，试样厚度可以机加工减薄至不小于25 mm，并保留一侧原表面。弯曲试样长度宜为200～400 mm。对于碳素结构钢，宽度为2倍的试样厚度。对于低合金高强度结构钢，当产品宽度大于20 mm，厚度小于3 mm时试样宽度为20±5 mm，厚度不小于3 mm时试样宽度为20～50 mm；当产品宽度不大于20 mm，试样宽度为产品宽度。

(3)碳素结构钢钢板和钢带拉伸和弯曲试样的纵向轴线应垂直于轧制方向；型钢、钢棒和受宽度限制的窄钢带拉伸和弯曲试样的纵向轴线应平行于轧制方向。

(4)试样表面不得有划伤和损伤，边缘应进行机加工，确保平直、光滑，不得有影响结果的横向毛刺、伤痕或刻痕。

(5)当要求取一个以上试样时，可在规定位置相邻处取样。

第三节　钢材试验

一、拉伸性能试验

(一)试验设备仪器

(1)万能材料试验机：测力示值误差不大于1%。为保证机器安全和试验准确，试验指针位于测力盘第三象限(180°～270°)内，或量程的50%～75%。

(2)钢筋画线机或打点机。

(3)游标卡尺(精度为0.1 mm)。

(二)试验步骤

(1)制备试件：按取样规定加工制备试件。拉伸性能试验用的钢筋试件不得进行车削加工。试件上应用钢筋打点机或画线机打上或画上一系列冲点或细线，标记出试件的原始标距L_0，精确至0.1 mm。

(2)调校试验机：将试件上端固定在夹具内，调整测力盘上的主动针对准零点，并拔动从动针，使之与主动针重叠，装好绘图器，再用下夹具固定好试件的下端。

(3)启动试验机，给试件施加拉力。在试件屈服前，拉伸速度按表6-38中的规定；屈服后拉伸速度按0.5 L_0/min。

表6-38 钢筋拉伸试验拉伸速度

金属材料弹性模量(MPa)	最小拉伸速度(MPa/s)	最大拉伸速度(MPa/s)
<150 000	2	20
≥150 000	6	60

(4)拉伸试验中,测力盘指针停止转动时的恒定荷载或第一次回转时的最小荷载,即为屈服荷载 F_s(N);继续向试件拉力直至断裂,由测力盘上读出最大破坏荷载 F_b(N)。

(5)试件拉断后,将已经断裂为两截的试件在断裂处对齐,尽量使其轴线位于一条线上。然后用游标卡尺量出试件拉断后的标距长度 L_1。如果拉断处到临近标距端点的距离大于 $L_0/3$ 时,用游标卡尺直接量出 L_1;如果拉断处到临近标距端点的距离小于或等于 $L_0/3$ 时,应按位移法确定 L_1。

移位法:在长段上,从端点 O 取基本等于短段的格数得 B 点,再取等于长段所余格数的一半得 C 点(所余格数为偶数时);或取所余格数减1与加1的一半得 C 与 C_1 点(所余格数为奇数时)。移位后,标距 L_1 分别为 $L_1 = AO + OB + 2BC$ 或者 $L_1 = AO + OB + BC + BC_1$。

(三)试验结果

(1)按下式计算屈服点 σ_s、抗拉强度 σ_b。

$$\sigma_s = \frac{F_s}{A_0} \quad \sigma_b = \frac{F_b}{A_0}$$

式中 σ_s——钢材的屈服点,MPa;

F_s——钢材的屈服荷载,N;

σ_b——钢材的抗拉强度,MPa;

F_b——钢材的最大荷载,N;

A_0——钢筋的公称横截面积,mm^2。

当计算值大于1 000 MPa时,应计算精确至10 MPa,并按"四舍六入五单双法"修约;当计算值在200~1 000 MPa时,应计算精确至5 MPa,并按"二五进位法"修约;当计算值小于200 MPa时,应计算精确至1 MPa,小数点按"四舍六入五单双法"修约。

(2)按下式计算试件的伸长率 δ_5 或 δ_{10}。

$$\delta_{5或10} = \frac{L_1 - L_0}{L_0}$$

式中 $\delta_{5或10}$——标距 $L_0 = 5a$ 或 $L_0 = 10a$ 时的伸长率,精确至1%;

L_0——试件原标距长度 $5a$ 或 $10a$,mm;

L_1——试件拉断后的标距长度,mm,精确至0.1 mm;

如果试件在标距端点上或标距处断裂,则试验结果无效,应重新试验。

(3)将上述计算数据(两个屈服点、两个抗拉强度、两个伸长率)与钢筋的重量要求进行比较,如有一个指标未达到标准中的规定值,应再抽取双倍(4根)钢筋,制作双倍(4根)试件重做试验。如仍有一根试件的一个指标未达到标准要求,则该批钢筋的拉伸性能为不合格。

二、冷弯性能试验

试验应在10~35 ℃下进行,在控制条件下,试验在23 ℃±5 ℃下进行。

（一）试验设备仪器

（1）弯曲试验机：可采用压力机、特殊试验机、万能材料试验机或圆口老虎钳等设备进行，钢筋冷弯试验装置如图 6-8 所示。

（2）不同弯心直径的冷弯冲头。

（二）试验步骤

（1）根据钢筋级别确定冲头直径 d 并调整试验机上的支辊距离 L_1。

（2）将钢筋试件安装好后，平稳加荷至规定的冷弯角度（90°或 180°）。

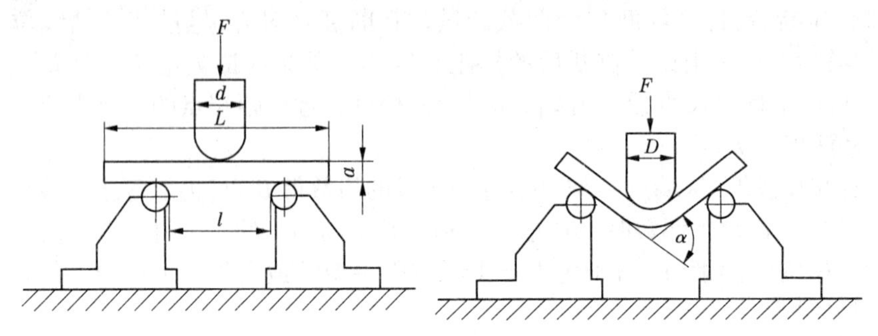

图 6-8　钢筋冷弯试验装置示意图

（三）试验结果

冷弯试验结束后，检测两根试件弯曲部位外表皮，若无裂纹、断裂或起层现象，则评定钢筋的冷弯性能合格。两根试件中如有一根不符合标准要求，应再抽验。如仍有一根试件不符合标准要求，则该批钢筋的冷弯性能为不合格。

注意：弯曲表面金属体上出现的断裂，其长度大于 2 mm，小于 5 mm，宽度大于 0.2 mm，小于 0.5 mm 时称裂纹。

三、金属线材反复弯曲试验

试验温度为 23 ±5℃。

（一）试验设备仪器

反复弯曲试验是将试件一端夹住，然后绕规定半径的圆柱形表面弯曲试件 90°，并按相反方向反复弯曲。

（二）试验步骤

（1）试件制备：从外观检查合格线材的任意部位截取试件，长度为 150 ~250 mm。

（2）按表 6-39 所示的线材尺寸选择弯曲圆弧半径、弯曲圆弧顶部至拔杆底面的距离、拔杆孔径。

表 6-39　线材尺寸选择

线材直径 $d(a)$mm	弯曲圆弧半径 r(mm)	距离 h(mm)	拔杆孔直径 d_g(mm)
0.3 ~0.5	1.25 ±0.05	15	2.0
0.5 ~0.7	1.75 ±0.05	15	2.0
0.7 ~1.0	2.5 ±0.1	15	2.0

续表 6-39

线材直径 $d(a)$mm	弯曲圆弧半径 r(mm)	距离 h(mm)	拔杆孔直径 d_g(mm)
1.0～1.5	3.75 ±0.1	20	2.0
1.5～2.0	5.0 ±0.1	20	2.0 和 2.5
2.0～3.0	7.5 ±0.1	25	2.5 和 3.5
3.0～4.0	10.0 ±0.1	35	3.5 和 4.5
4.0～6.0	15.0 ±0.1	50	4.5 和 7.5
6.0～8.0	20.0 ±0.1	75	7.0 和 9.0
8.0～10.0	25.0 ±0.1	100	9.0 和 11.0

注:应选择适当的拔杆孔径以保证线材在孔内自由运动。较小的孔径用于公称直径较小的线材,而较大的孔径用于公称直径较大的线材。对于非圆截面线材应按其截面形状选择适宜的拔杆孔。

(3)将弯曲臂处于垂直位置,再将试件由拔杆孔插入并夹紧其下端,使试件垂直于两弯曲圆柱轴线所在的平面。

(4)启动试验机,平稳无冲击施加荷载。弯曲速度每秒不超过一次,弯曲从起始位置向右(左)弯曲 90°后返回至起始位置,作为第一次弯曲;再由起始位置向左(右)弯曲 90°,试件再返回起始位置作为第二次弯曲。依次连续反复弯曲。

(5)弯曲试验应连续进行,至规定的弯曲次数或试件折断为止;也可弯曲到不用放大工具即可见裂纹为止。试件折断时的最后一次弯曲不计。

(三)试验结果

目测:观察试件弯曲处有无裂纹,并记录下试验条件(如弯曲圆弧半径 r、拉紧力、温度等)、反复弯曲次数。

四、钢筋焊接接头试验

(一)取样

钢筋焊接接头的试验试件应在外观检查合格的验收批次中随机抽取。验收批和取样数量按表 6-40 中的规定。依据《钢筋焊接接头试验方法标准》(JGJ 27—2014)试件尺寸按表 6-41 中的规定。

表 6-40　钢筋焊接接头试验试件验收批和取样数量

焊接形式	验收批	取样数量(根)		备注
		拉伸试验	弯曲试验	
电渣压力焊	≤300 个	3		焊接接头应以同一工作班次、同一施工区段、同一类型作为一个验收批
闪光对焊	≤300 个	3	3	
电弧焊	≤300 个	3		
气压焊	≤300 个	3	3	
预埋件钢筋 T 型接头	≤300 个	3		

表 6-41　钢筋焊接接头的试件尺寸

<table>
<tr><th colspan="2" rowspan="2">焊接方法</th><th rowspan="2">接头方式</th><th colspan="2">试样尺寸(mm)</th></tr>
<tr><th>l_s</th><th>$L\geqslant$</th></tr>
<tr><td colspan="2">电阻点焊</td><td>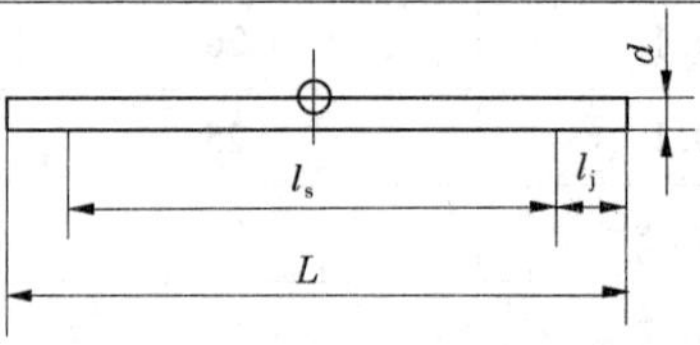
</td><td>$\geqslant 20d$,
且$\geqslant 180$</td><td>l_s+2l_j</td></tr>
<tr><td colspan="2">闪光对焊</td><td>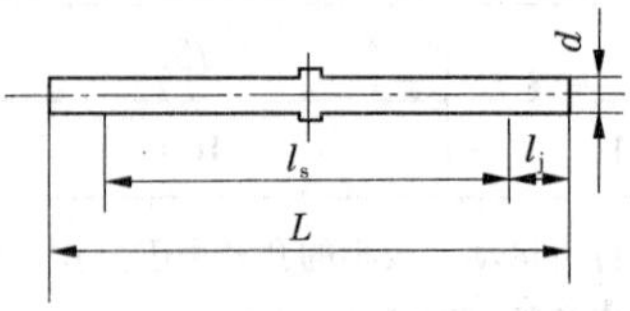
</td><td>$8d$</td><td>l_s+2l_j</td></tr>
<tr><td rowspan="4">电弧焊</td><td>双面帮条焊</td><td>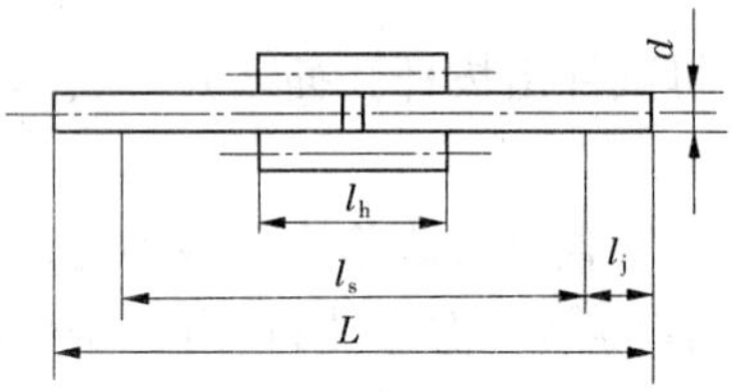
</td><td>$8d+l_h$</td><td>l_s+2l_j</td></tr>
<tr><td>单面帮条焊</td><td>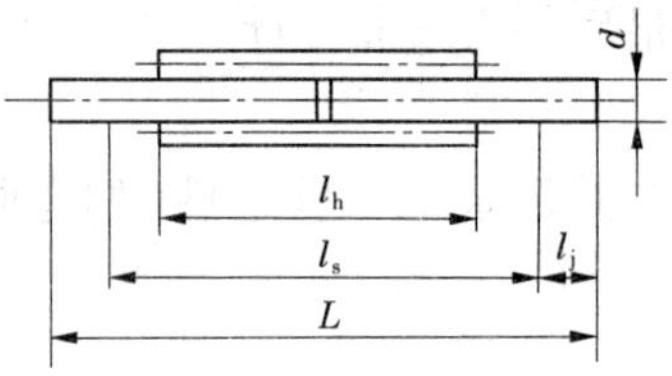
</td><td>$5d+l_h$</td><td>l_s+2l_j</td></tr>
<tr><td>双面搭接焊</td><td>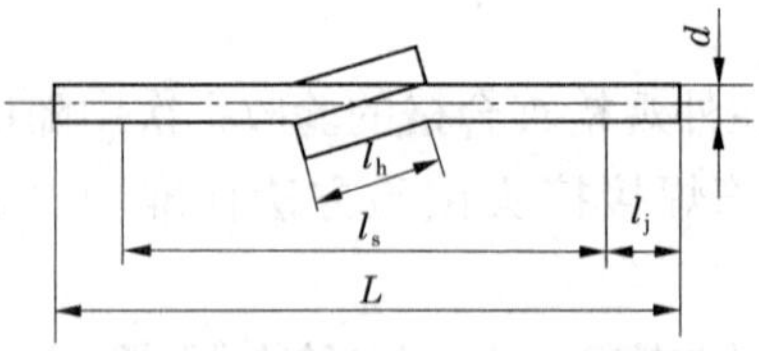
</td><td>$8d+l_h$</td><td>l_s+2l_j</td></tr>
<tr><td>单面搭接焊</td><td>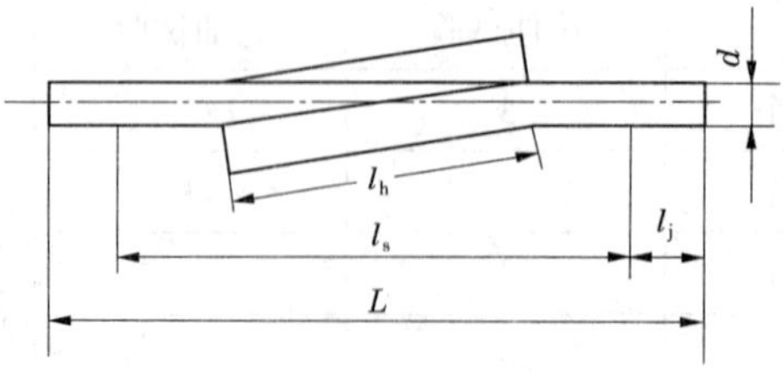
</td><td>$5d+l_h$</td><td>l_s+2l_j</td></tr>
</table>

续表 6-41

焊接方法		接头方式	试样尺寸(mm)	
			l_s	$L \geqslant$
电弧焊	熔槽帮条焊	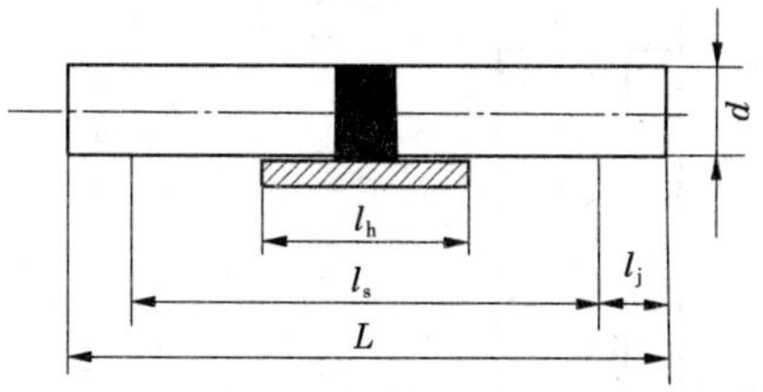	$8d + l_h$	$l_s + 2l_j$
	坡口焊	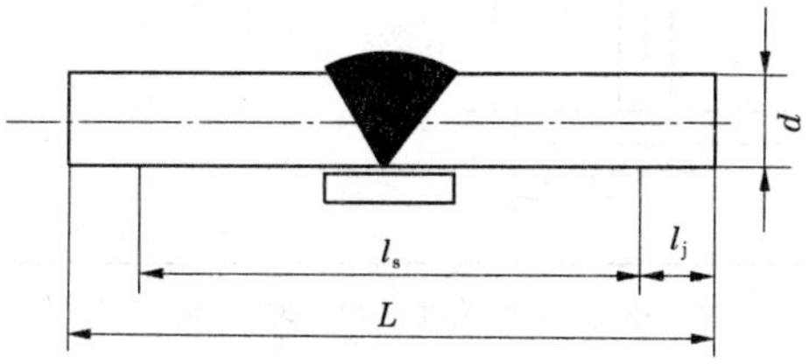	$8d$	$l_s + 2l_j$
	窄间隙焊	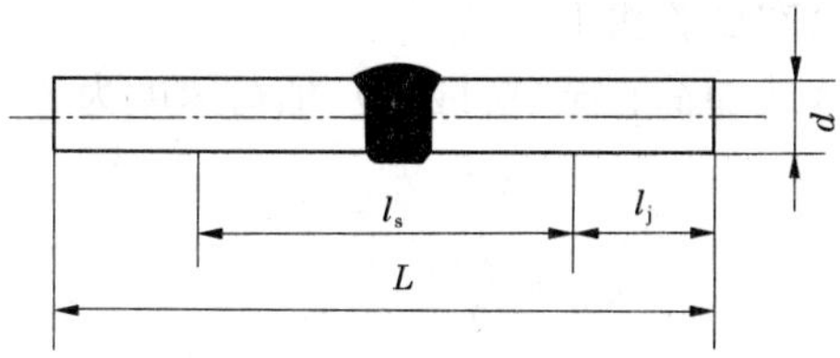	$8d$	$l_s + 2l_j$
电渣压力焊		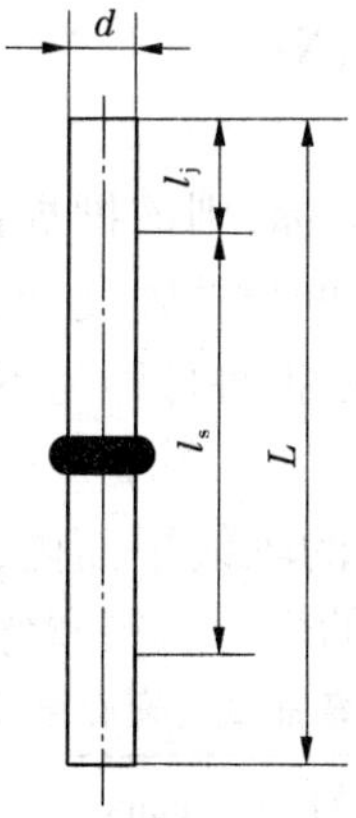	$8d$	$l_s + 2l_j$
气压焊		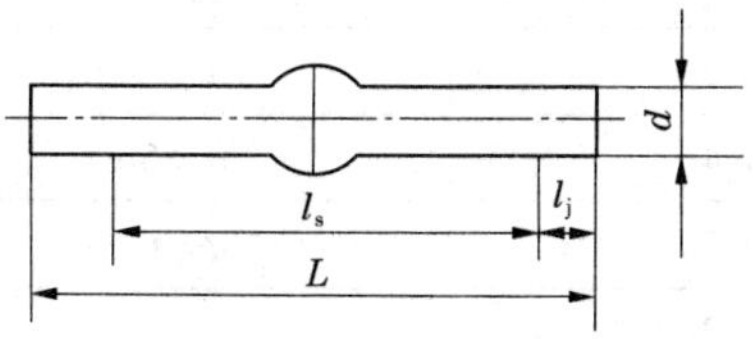	$8d$	$l_s + 2l_j$

续表 6-41

焊接方法		接头方式	试样尺寸(mm)	
			l_s	$L \geqslant$
预埋件	电弧焊 埋弧压力焊 埋弧螺柱焊	d L 60 × 60	—	200

注:l_s——受试长度,l_h——焊缝(或镦粗)长度,l_j——夹持长度(100 ~ 200 mm),d——钢筋直径(mm)。

(二)拉伸性能试验

(1)调校试验机,将试件夹紧在试验机上。

(2)启动试验机,平稳而连续地加荷直至试件断裂,加荷速度为 3 ~ 30 MPa/s。

(3)按下式计算抗拉强度

$$\sigma_b = \frac{F_b}{A_0}$$

式中 σ_b——抗拉强度,MPa;

F_b——试件断裂时的最大破坏荷载,N;

A_0——钢筋的公称横截面积,mm^2。

(4)三个试件的抗拉强度均大于规定指标,则该批焊接合格。若有两个试件在焊缝处或受热影响区发生脆性断裂,或有一个试件的抗拉强度低于理论值,则应取双倍数量的试件进行复验,若仍有一个接头不符合要求,则该批焊件即为不合格。

(三)弯曲试验

(1)试验时,将焊接接头置于弯曲压头的轴线平面内,使焊缝始终处于最大弯曲面上,试验方法同钢材冷弯性能试验。弯曲试验的弯心直径和弯曲角度应符合表 6-42 中的规定。

表 6-42 钢筋焊接接头弯曲试验弯心直径和弯曲角度

钢筋强度等级代号	弯心直径 d(mm)		弯曲角度
	钢筋公称直径 $a \leqslant 25$ mm	钢筋公称直径 $a > 25$ mm	
HPB235	$d = 2a$	$d = 3a$	90°
HPB335	$d = 4a$	$d = 5a$	90°
HPB400、KL400	$d = 5a$	$d = 6a$	90°
HPB500	$d = 7a$	—	90°

(2)对于闪光对焊的焊接接头,应将受压面的金属毛刺和镦粗变形部分消除,且与原材料外表面平齐。若试验结果中有两个试件发生破断时,应再取双倍试件复验。复验结束时,若仍有三个试件发生破断,则该批接头为不合格。

(3)对于气压焊的焊接接头,应将试件受压面的凸起部分消除,并与原材料外表面平齐。当试验结果中有一个试件发生破断时,应再取双倍试件复验。复验结束时,若仍有一个试件发生破断,则该批接头为不合格。

五、钢筋机械连接接头试验

钢筋机械连接形式主要有:带肋钢筋套筒连接、钢筋锥螺纹连接和镦粗直螺纹连接。根据抗拉强度以及高应力、大变形条件下反复拉压性能的差异,钢筋机械连接接头可分为Ⅰ、Ⅱ、Ⅲ三个等级。Ⅰ级、Ⅱ级、Ⅲ级接头的抗拉强度和变形性能应符合表6-43和表6-44中的规定。

表6-43　钢筋机械连接接头抗拉强度

接头等级	Ⅰ级	Ⅱ级	Ⅲ级
抗拉强度(MPa)	$f_{mst}^0 \geq f_{st}^0$或$\geq f_{uk}$	$f_{mst}^0 \geq f_{uk}$	$f_{mst}^0 \geq 1.35 f_{yk}$

注:f_{mst}^0为接头试件实际抗拉强度(MPa);f_{st}^0为接头试件中钢筋抗拉强度实测值(MPa);f_{uk}为钢筋抗拉强度标准值(MPa);f_{yk}为钢筋屈服强度标准值(MPa)。

表6-44　钢筋机械连接接头变形性能

接头等级		Ⅰ级、Ⅱ级	Ⅲ级
单向拉伸	非弹性变形(mm)	$u \leq 0.10(d \leq 32)$ $u \leq 0.15(d > 32)$	$u \leq 0.10(d \leq 32)$ $u \leq 0.15(d > 32)$
	总伸长率(%)	$\delta_{sgt} \geq 4.0$	$\delta_{sgt} \geq 2.0$
高应力反复拉压	残余变形(mm)	$u_{20} \leq 0.3$	$u_{20} \leq 0.3$
大变形反复拉压	残余变形(mm)	$u_4 \leq 0.3$ $u_8 \leq 0.6$	$u_4 \leq 0.6$

注:u为接头的非弹性变形(mm);u_{20}为接头经高应力反复拉压20次后的残余变形(mm);δ_{sgt}为接头试件总伸长率(%);u_4为接头经高应力反复拉压4次后的残余变形(mm);u_8为接头经高应力反复拉压8次后的残余变形(mm)。

(一)取样

(1)钢筋机械连接接头的验收批应由同一施工条件、同一批原材料构成的同等级、同形式、同规格的500个接头构成。

(2)试验用试件,应在每个验收批中随机抽取3个,作为拉伸性能试验的试件。试件的尺寸应符合图6-9所示。

(二)拉伸性能试验

(1)调校试验机,将试件夹紧在试验机上。

(2)启动试验机,平稳而连续地加荷直至试件断裂。

(3)三个试件的抗拉启动均符合所设计等级的要求,则该批接头合格。若有一个试件的抗拉强度不符合设计等级要求,则应在同一验收批中再抽取双倍试件(6个)进行复验。

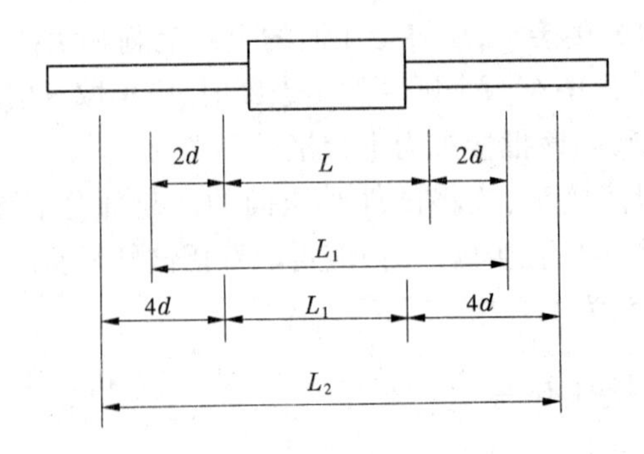

L—机械接头长度；L_1—非弹性变形、残余变形标距；L_2—总伸长率测量标距；d—钢筋公称直径

图 6-9 钢筋机械连接接头拉伸试件示意图

复验结果符合设计等级要求时，则该批接头合格；若仍有达不到要求的试件，则该批接头为不合格。

第七章　砌体材料试验

第一节　砌体材料基础知识

一、砌体材料的分类

砌筑墙体是由砖或砌块砌筑的墙体，是建筑的主要构件之一，起围合和承重作用。

砖墙属于砌筑墙体，具有保温、隔热、隔音等许多优点。但也存在着施工速度慢、自重大、劳动强度大等很多不利的因素。砖墙由砖和砂浆两种材料组成，砂浆将砖胶结在一起筑成墙体或砌块。

(一)砖的种类

砖的种类有多种分类形式。从所采用的原材料上分为黏土砖、灰砂砖、页岩砖、煤矸石砖、水泥砖、矿渣砖等。从形状上分为实心砖和多孔砖。常用的有烧结普通砖，烧结多孔砖，烧结空心砖，蒸压灰砂空心砖和蒸压粉煤灰砖等。

1.烧结普通砖

烧结普通砖为实心砖，是以黏土、页岩、煤矸石或粉煤灰为主要原料，经压制、焙烧而成。按原料不同，可分为烧结黏土砖、烧结页岩砖、烧结煤矸石砖和烧结粉煤灰砖。烧结普通砖的外形为直角六面体。其公称尺寸为：长 240 mm×宽 115 mm×高 53 mm，根据抗压强度分为MU30、MU25、MU20、MU15、MU10 五个强度等级。

2.烧结多孔砖

烧结多孔砖使用的原料与生产工艺与烧结普通砖基本相同，其孔洞率不小于 25%。砖的外形为直角六面体，其长度、宽度及高度尺寸(mm)应符合：290、240、190、180 和 175、140、115、90 的要求。根据抗压强度分为 MU30、MU25、MU20、MU15、MU10 五个强度等级。

3.烧结空心砖

烧结空心砖的烧制、外形、尺寸要求与烧结多孔砖一致，在与砂浆的接合面上应设有增加结合力的深度 1 mm 以上的凹线槽。根据抗压强度分为：MU5、MU3、MU2 三个强度等级。

4.蒸压灰砂空心砖

蒸压灰砂空心砖是以石英砂和石灰为主要原料，压制成型，经压力釜蒸汽养护而制成的孔洞率大于 15%的空心砖。其外形规格与烧结普通砖一致，根据抗压强度分为 MU25、MU20、MU15、MU10、MU7.5 五个强度等级。

5.蒸压粉煤灰砖

蒸压粉煤灰砖以粉煤灰为主要原料，掺配适量的石灰、石膏或其他碱性激发剂，再加入一定数量的炉渣作为骨料蒸压制成的砖。其外形规格与烧结普通砖一致，根据抗压强度、抗折强度分为 MU20、MU15、MU10、MU7.5 四个强度等级。

（二）砌块的种类

砌块的种类较多，按形状分为实心砌块和空心砌块；按规格可分为小型砌块，高度为180~350 mm；中型砌块，高度为360~900 mm。常用的有普通混凝土小型空心砌块、轻集料混凝土小型空心砌块、蒸压加气混凝土砌块、粉煤灰砌块。

1.普通混凝土小型空心砌块

普通混凝土小型空心砌块以水泥、砂、碎石或卵石加水预制而成。其主规格尺寸为390 mm×190 mm×190 mm，有两个方形孔，空心率不小于25%。根据抗压强度分为MU20、MU15、MU10、MU7.5、MU5、MU3.5六个强度等级。

2.轻集料混凝土小型空心砌块

轻集料混凝土小型空心砌块以水泥、砂、轻集料加水预制而成。其主规格尺寸为390 mm×190 mm×190 mm。按其孔的排数分为：单排孔、双排孔、三排孔和四排孔等四类。根据抗压强度分为：MU10、MU7.5、MU5、MU3.5、MU2.5、MU1.5六个强度等级。

3.蒸压加气混凝土砌块

蒸压加气混凝土砌块以水泥、矿渣、砂、石灰等为主要原料，加入发气剂，经搅拌成型、蒸压养护而成的实心砌块。

其主规格尺寸为600 mm×250 mm×250 mm，根据抗压强度分为A10、A7.5、A5、A3.5、A2.5、A2、A1七个强度等级。

4.粉煤灰砌块

粉煤灰砌块以粉煤灰、石灰、石膏和轻集料为原料，加水搅拌，振动成型，蒸汽养护而成的密实砌块。其主规格尺寸为880 mm×380 mm×240 mm，砌块端面应加灌浆槽，坐浆面宜设抗剪槽。根据抗压强度分为MU13、MU10两个强度等级。

（三）石材

砌筑用石有毛石和料石两类，所选石材应质地坚实，无风化剥落和裂纹。用于清水墙、柱表面的石材，尚应色泽均匀。

（1）毛石分为乱毛石和平毛石。乱毛石是指形状不规则的石块；平毛石是指形状不规则，但有两个平面大致平行的石块。毛石应呈块状，其中部厚度不宜小于150 mm。

（2）料石按其加工面的平整程度分为细料石、粗料石和毛料石三种。料石的宽度、厚度均不宜小于200 mm，长度不宜大于厚度的4倍。根据抗压强度可以分为：MU100、MU80、MU60、MU50、MU40、MU30、MU20、MU15、MU10九个强度等级。

二、砌筑砂浆

（一）砂浆的种类

砂浆由胶结材料（水泥、石灰、黏土）和填充材料（砂、石屑、矿渣、粉煤灰）用水搅拌而成，当前我们常用的有水泥砂浆、混合砂浆和石灰砂浆。水泥砂浆的强度和防潮性能最好，混合砂浆次之，石灰砂浆最差，但它的和易性好，在墙体要求不高时采用。砂浆的等级也是以抗压强度来进行划分的，从高到低依次为M15、M10、M7.5、M5、M2.5、M1、M0.4七个强度等级。

（二）砂浆的组成

（1）水泥砂浆：由砂、水泥加水搅拌而成。它强度高，一般用在高强度及潮湿环境中。

(2)混合砂浆:在水泥砂浆中加入石灰膏或黏土膏制成。有一定的强度和耐久性,且和易性和保水性好。多用于一般墙体中。

(3)非水泥砂浆:强度低,用于临时建筑中。

为便于操作,砌筑砂浆应有较好的和易性,即良好的流动性(稠度)和保水性。和易性好的砂浆能保证砌体灰缝饱满、均匀、密实,并能提高砌体强度。砌筑砂浆的稠度见表 7-1

表 7-1 砌筑砂浆的稠度

砌体种类	砂浆稠度(mm)	砌体种类	砂浆稠度(mm)
烧结普通砖砌体	70~90	普通混凝土小型空心砌块砌体	50~70
轻集料混凝土小型空心砌块砌体	60~90	加气混凝土小型空心砌块砌体	50~70
烧结多孔砖、空心砖砌体	60~80	石砌体	30~50

(三)原材料要求

水泥的强度等级应根据设计要求进行选择。水泥砂浆采用的水泥,其强度等级不宜大于 32.5 级;混合砂浆采用的水泥,其强度等级不宜大于 42.5 级。

水泥进场使用前,应分批对其强度、安定性进行复验。检验批次应以同一生产厂家、同一编号为一批次。当在使用中对水泥质量有怀疑或水泥出厂超过三个月(快硬硅酸盐水泥超过一个月)时,应复查试验,并按其结果使用。不同品种的水泥,不得混合使用。砂宜用中砂,并应过筛,其中毛石砌体宜用粗秒。砂的含泥量:对水泥砂浆和强度等级不小于 M5 的混合砂浆不应超过 5%;强度等级小于 M5 的混合砂浆,不应超过 10%。生石灰熟化成石灰膏时,应用孔径不大于 3 mm×3 mm 的网过滤,熟化时间不得少于 7 d;磨细生石灰粉的熟化时间不得小于 2 d。沉淀池中储存的石灰膏,应采取防止干燥、冻结和污染的措施。

凡在砂浆中掺入有机塑化剂、早强剂、缓凝剂、防冻剂等,应经检验和试配符合要求后,方可使用。有机塑化剂应有砌体强度的形成检验报告。

(四)制备与使用

砌筑砂浆应通过试配确定配合比,各组分材料应采用重量计量。砌筑砂浆应采用砂浆搅拌机进行拌制。自投料完算起,搅拌时间应符合下列规定:水泥砂浆和混合砂浆不得小于 2 min;掺用外加剂的砂浆不得少于 3 min;掺用有机塑化剂的砂浆,应为 3~5 min。掺用外加剂时,应先将外加剂按规定浓度溶于水中,在拌和水时投入外加剂溶液,外加剂不得直接投入拌制的砂浆中。施工中当采用水泥砂浆代替水泥混合砂浆时,应重新确定砂浆强度等级。砂浆应随拌随用,水泥砂浆和水泥混合砂浆应分别在 3 h 和 4 h 内使用完毕。

三、砖墙

(一)砖墙的基本尺寸

砖墙的基本尺寸包括墙厚和墙段两个方向的尺寸,必须满足结构和功能要求的同时,满足砖的规格。以标准砖为例,根据砖块的尺寸、数量、灰缝可形成不同的墙厚度和墙段的长度。

(1)墙厚:标准砖的长、宽、高规格为 240 mm×115 mm×53 mm,砖块间灰缝宽度为 10 mm。砖厚加灰缝、砖宽加灰缝后与砖长形成 1∶2∶4 的比例特征,组砌灵活。

(2)墙身长度:当墙身过长时,其稳定性就差,故每隔一定距离应有垂直于它的横墙或其他构件来增强其稳定性。横墙间距超过 16 m 时,墙身做法则应根据我国砖石结构设计规范的要求进行加强。

(3)墙身高度:墙身高度主要是指房屋的层高。要依据实际要求,即设计要求而定,但墙高与墙厚有一定的比例制约,同时要考虑到水平侧推力的影响,保证墙体的稳定性。

(4)砖墙洞口与墙段的尺寸:砖墙洞口主要是指门窗洞口,其尺寸应符合模数要求,尽量减少与此不符的门窗规格,以有利于工业化生产。国家及地区的通用标准图集是以扩大模数 3M 为倍数的,故门窗洞口尺寸多为 300 mm 的倍数,1 000 mm 以内的小洞口可采用基本模数 100 mm 的倍数。

(5)墙段多指转角墙和窗间墙,其长度取值以砖模 125 mm 为基础。墙段有砖块和灰缝组成,即砖宽加缝宽:115 mm+10 mm=125 mm。而建筑的进深、开间、门窗都是按扩大模数 300 mm 进行设计的,这样一幢建筑中采用两种模数必然给建筑施工带来很多困难,只有靠调整竖向灰缝大小的方法来解决。竖缝宽度大小的取值范围为 8~12 mm。墙段长调整余地大;墙段短调整余地小。

(二)砖墙的砌筑方式

砖墙的砌筑方式是指砖块在砌体中的排列方式,为了保证墙体的坚固,砖块的排列应遵循内外搭接、上下错缝的原则。错缝长度不应小于 60 mm,且应便于砌筑及少砍砖,否则会影响墙体的强度和稳定性。在墙的砌筑中,砖块的长边平行于墙面的砖称为顺砖,砖块的长边垂直于墙面的砖称为丁砖。上下皮砖之间的水平缝称为横缝,左右两砖之间的垂直缝称为竖缝。砖砌筑时切忌出现竖直通缝,否则会影响墙的强度和稳定性,如图所 7-1 所示。

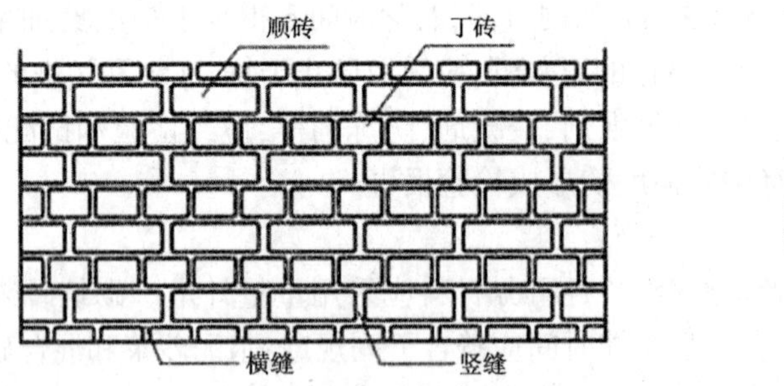

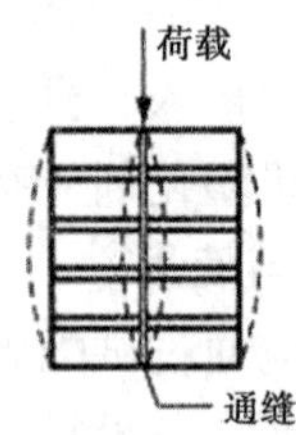

图 7-1　砖的错缝搭接及砖缝名称

(三)砖墙的叠砌方式

砖墙的叠砌方式可分为下列几种:全顺式、一顺一丁式、多顺一丁式、十字式,如图 7-2 所示。

(四)砌筑施工

砌筑施工通常包括抄平、放线、摆砖样、立皮数杆、盘角、挂线、砌砖等工序。如砌筑清水墙,还要进行勾缝。砌筑应按一定的施工顺序进行:当基底标高不同时,应从低处砌起,并由高处向低处搭接。当设计无要求时,搭接长度不应小于基础扩大部分的高度。墙体砌筑时,

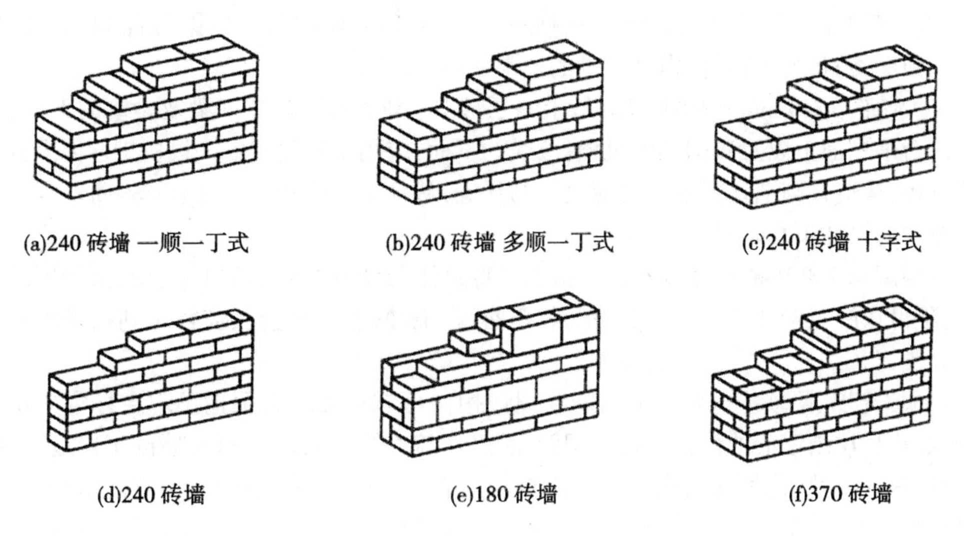

图 7-2　砖墙的叠砌方式

内外墙应同时砌筑,不能同时砌筑时,应留槎并做好接槎处理。

(1)抄平、放线。当基础砌筑到±0.00 时,依据施工现场±0.00 标准水准点在基础面上用水泥砂浆或 C10 细石混凝土找平,并在建筑物四角外墙面上引测±0.00 标高,画上符号并注明,作为楼层标高引测点。依据施工现场龙门板上的轴线钉拉通线,并沿通线挂线锤。将墙轴线引测到基础面上,再以轴线为标准弹出墙边线,定出门窗洞口的平面位置。

(2)轴线放好并经复查无误后,将轴线引测到外墙面上,画上特定的符号,作为楼层轴线引测点。楼层轴线、标高引测墙体砌筑到各楼层时,根据设在底层的轴线引测点,利用经纬仪或铅垂球,把控制轴线引测到各楼层外墙上;根据设在底层的标高引测点,利用钢尺向上直接丈量,把控制标高引测到各楼层外墙上。

(3)楼层抄平、放线轴线和标高引测到各楼层后,就可进行各楼层的抄平、放线。为了保证各楼层墙身轴线的重合,并与基础定位轴线一致,引测后,一定要用钢尺丈量各轴线间距,经校核无误后,再弹出各部分间的轴线和墙边线,并按设计要求定出门窗洞口的平面位置、砖砌体的位置及垂直度允许偏差。用经纬仪、吊线和尺检查,或用其他测量仪器检查。

(4)摆砖样。摆砖样是指在墙基面上,按墙身长度和组砌方式试摆砖样(生摆,即不铺灰),核对所弹的门洞位置线及窗口、附墙垛的墨线是否符合所选用砖型的模数,对灰缝进行调整,以使每层砖的砖块排列和灰缝均匀,并尽可能减少砍砖,在砌清水墙时尤其重要。

(5)立皮数杆。皮数杆是一种方木标志杆。立皮数杆的目的是用于控制每皮砖砌筑时的竖向尺寸,并使铺灰、砌砖的厚度均匀,保证砖缝水平。皮数杆上除画有每皮砖和灰缝的厚度外,还应标出门窗洞、过梁、楼板等的位置和标高,用于控制墙体各部位构件的标高。

(6)皮数杆长度应有一层楼高(不小于 2 m),一般立于墙的转角,内外墙交接处。立皮数杆时,应使皮数杆上的±0.000 线与房屋的标高起点线相吻合。

(7)砌墙前应先盘角,即对照皮数杆的砖层和标高,先砌墙角。每次盘角砌筑的砖墙高度不超过 5 皮,并应及时进行吊靠,如发现偏差及时修整。根据盘角将准线挂在墙侧,作为墙身砌筑的依据。每砌一皮,准线向上移动一次。砌筑一砖厚及以下者,可采用单面挂线;砌筑一砖半厚及以上者,必须双面挂线。每皮砖都要拉线看平,使水平缝均匀一致,平直通顺。实心砖砌体一般采用一顺一丁、三顺一丁、梅花丁的砌筑形式,以提高墙体的整体隆、稳定隆和强度,满足上下错缝、内外搭砌的要求。

(8)砌砖。240 mm 厚承重墙的最上一层砖,应用丁砌层砌筑。梁及梁垫的下面,砖砌体的阶台水平面上以及砖砌体的挑檐,腰线的下面,应用丁砌层砌筑。设置钢筋混凝土构造柱的砌体,构造柱与墙体的连接处应砌成马牙槎,从每层柱脚开始,先退后进,每一马牙槎沿高度方向的尺寸不宜超过 300 mm。

沿墙高每 500 mm,设 2 Φ 6 拉结钢筋。每边伸入墙内不宜小于 1 m。预留伸出的拉结钢筋,不得在施工中任意弯折,如有歪斜、弯曲,在浇灌混凝土之前,应校正到正确位置并绑扎牢固。

(9)填充墙、隔墙应分别采取措施与周边构件可靠连接。必须把预埋在柱中的拉结钢筋砌入墙内,拉结钢筋的规格、数量、间距、长度应符合设计要求。填充墙砌至接近梁、板底时,应留一定空隙,待填充墙砌筑完并应至少间隔 7 d 后,再采用侧砖,或立砖斜砌挤紧,其倾斜度宜为 60°左右。

(10)勾缝。清水墙砌筑应随砌随勾缝,一般深度以 6~8 mm 为宜,缝深浅应一致,清扫干净。砌混水墙应随砌随将溢出砖墙面的灰浆刮除。

(11)安装(浇筑)楼板。搁置预制梁、板的砌体顶面应找平,安装时采用 1∶2.5 的水泥砂浆坐浆。

四、砖砌体质量要求

砖砌体砌筑质量的基本要求是:横平竖直、厚薄均匀,砂浆饱满,上下错缝、内外搭砌,接槎牢固。

(一)横平竖直

砖砌的灰缝应横平竖直,厚薄均匀,这既可保证砌体表面美观,也能保证砌体均匀受力。竖向灰缝应垂直对齐,否则会影响砌体外观质量水平。灰缝厚度宜为 10 mm,但不应小于 8 mm,也不应大于 12 mm。过厚的水平灰缝容易使砖块浮滑,且降低砌体抗压强度;过薄的水平灰缝会影响砌体之间的黏结力。

(二)砂浆饱满度

砌体水平灰缝的砂浆饱满度不得小于 80%,因为砌体的受力主要通过砌体之间的水平灰缝传递到下面,水平灰缝不饱满影响砌体的抗压强度。竖向灰缝不得出现透明缝、瞎缝和假缝,竖向灰缝的饱满程度,影响砌体抗透风、抗渗和砌体的抗剪强度。

(三)上下错缝、内外搭砌

上下错缝、内外搭砌,上下错缝是指砖砌体上下两皮砖的竖缝应当错开,以避免上下通缝。当上下二皮砖搭接长度小于 25 时,即为通缝。在垂直荷载作用下,砌体会由于“通缝”而丧失整体隆,影响砌体强度。内外搭砌是指同皮的里外砌体通过相邻上下皮的砖块搭砌而组砌得更加牢固。

(四)接槎牢固

接槎是指相邻砌体不能同时砌筑而设置的临时间断,为便于先砌砌体与后砌砌体之间的接合而设置。为使接槎牢固,后面墙体施工前,必须将留设的接槎处表面清理干净,浇水湿润,并填实砂浆,保持灰缝平直。

五、施工要求及注意事项

(一)应尽量平行砌筑

全部砖墙除分段处外,均应尽量平行砌筑,并使同一皮砖层的每一段墙顶面均在同一水平面内,作业中以皮数杆上砖层的标高进行控制。砖基础和每层墙砌完后,必须校正一次水平、标高和轴线。偏差在允许范围之内的,应在抹防潮层或圈梁施工、楼板施工时加以调整,实际偏差超过允许偏差的(特别是轴线偏差),应返工重砌。

(二)顶面清理干净

砖墙砌筑前,应将砌筑部位的顶面清理干净,并放出墙身轴线和墙身边线。

(三)水平灰缝厚度和竖向灰缝宽度

砖墙的水平灰缝厚度和竖向灰缝宽度控制在 8~12,以 10 最宜。

(四)砂浆饱满度

水平灰缝的砂浆饱满度不得小于 80%;竖缝宜采用挤浆法或加浆法,使其砂浆饱满,不得出现透明缝,并严禁用水冲浆灌缝。

(五)应尽量整砖砌筑

宽度小于 1 m 的窗间墙应选用质量好的整砖砌筑,半头砖和有破损的砖应分散使用在受力较小的墙体内侧,小于 1/4 砖的碎砖不能使用。

(六)墙的转角处和交接处

砖墙的转角处和交接处应同时砌筑,不能同时砌筑时应砌成斜槎(踏步槎),斜槎长度不应小于其高度的 2/3(图 7-3)。如留斜槎确有困难,除转角处外,也可以留直槎,但必须做成凸出墙面的阳槎,并加设拉结钢筋。拉结钢筋的数量为每半砖墙厚设置一根,每道墙不得少于两根,钢筋直径为 6 mm;拉结钢筋的间距为沿墙高不得超过 500 mm(8 皮砖高);埋入墙内的长度从留槎处算起每边均不应小于 500 mm;钢筋的末端应做成 90“弯钩”。抗震设防地区建筑物的临时间断处不得留直槎。

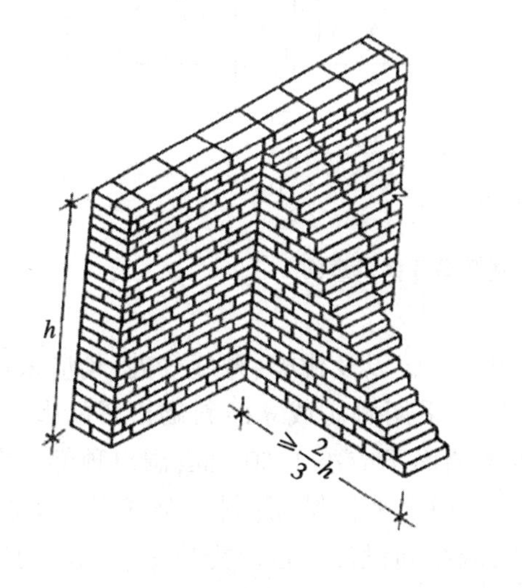

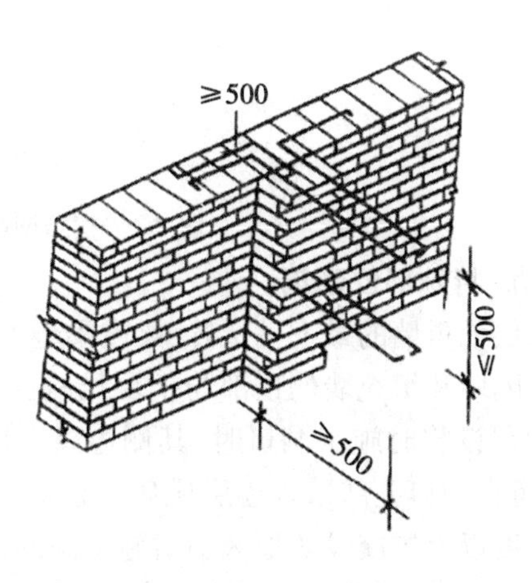

图 7-3　砖墙的转角处和交接处

（七）隔墙砌筑

隔墙与墙或柱之间如果不能同时砌筑，又不能留设斜槎时，可留设凸出墙面或柱面的阳槎，或从墙或柱中伸出预埋的拉结钢筋，拉结钢筋的设置要求同承重墙。抗震设防地区建筑物的隔墙，其临时间断处可以留直槎，但必须同时设置拉结钢筋，拉结钢筋的设置要求同承重墙。砖砌体接槎处继续砌砖时，必须将接槎处的表面清理于净，浇水润湿，并填实端面竖缝、上下水平缝的砂浆，保持砖面平直位正、灰缝均匀。

（八）钢筋混凝土砌体

设有钢筋混凝土构造柱的抗震多层砖混结构房屋，应先绑扎构造柱钢筋，然后砌砖墙，最后浇注混凝土。墙与柱之间应沿高度方向每隔 500 mm 设置一道 2 根直径为 6 mm 的拉结钢筋，每边伸入墙内的长度不小于 1 m；构造柱应与圈梁、地梁连接；与柱连接处的砖墙应砌成马牙槎，每一个马牙槎沿高度方向的尺寸不应超过 300 mm 或 5 皮砖高。马牙槎从每层柱脚开始，应先退后进，进退相差 1/4 砖（图 7-4）。钢筋混凝土构造柱也和砖墙一样，采用按楼层分层施工。

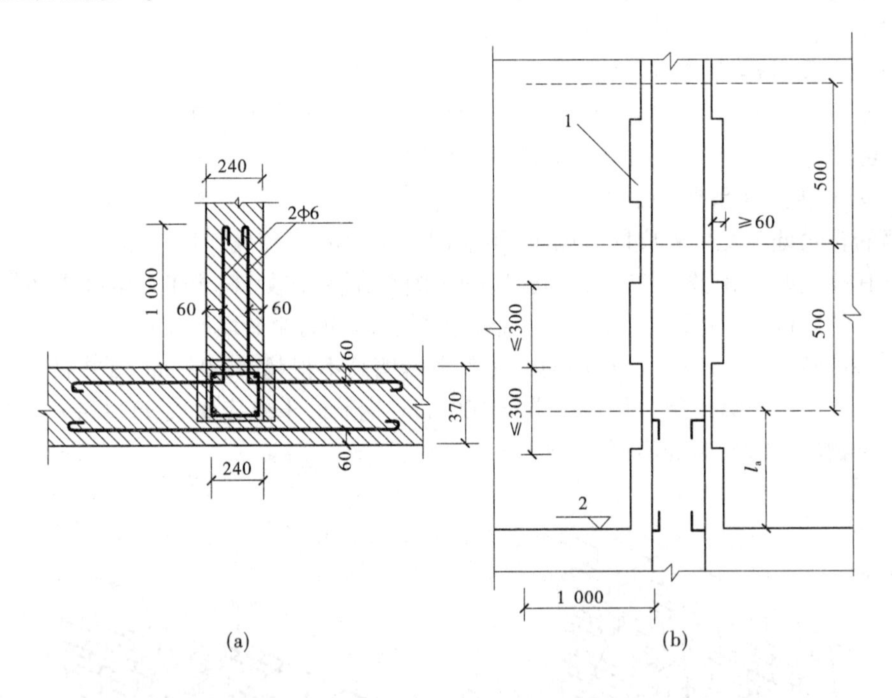

图 7-4　拉结钢筋布置及马牙槎示意图

（九）特殊部位砌筑

每层承重墙的最上一层砖、梁或梁垫下面的一层砖以及挑檐、腰线等处，均应采用整砖丁砌。隔墙和填充墙的顶部与上层结构接触处，宜采用侧砖或立砖斜砌挤紧的砌筑方法。砖墙中留设临时施工洞口时，其侧边离交接处的墙面不应小于 50 mm；洞口顶部宜设置过梁，也可在洞口上部采取逐层挑砖方法封口，并预埋水平拉结筋；洞口净宽不应超过 1 m。超过八度以上抗震设防地区临时施工洞的位置，应会同设计单位研究决定。临时洞口补砌时，应将洞口周围砖块表面清理干净，并浇水润湿后再用与原墙相同的材料补砌严密、砂浆饱满。

（十）砖墙分段施工

砖墙分段施工时，施工流水段的分界线宜设在伸缩缝、沉降缝、抗震缝或门窗洞口处。相邻施工段的砖墙砌筑高度差不得超过一个楼层高，且不宜大于 4 m。砖墙临时间断处的高度差，不得超过一步脚手架高度。

（十一）洞口、管道、沟槽和预埋件

墙中的洞口、管道、沟槽和预埋件等，均应在砌筑时正确留出或预埋；宽度超过 300 mm 的洞口应设置过梁。

（十二）砌筑高度

砖墙每天的砌筑高度以不超过 1.8 m 为宜，雨天施工时，每天砌筑高度不宜超过 1.2 m。

（十三）允许的自由高度

尚未安装楼板或屋面板的砖墙或砖柱，当有可能遇到大风时，则允许的自由高度不得超过规定。否则应采取可靠的临时加固措施，以确保墙体稳定和施工安全。

六、砌块砌体施工

（一）混凝土小砌块砌体施工

混凝土小砌块包括普通混凝土小型空心砌块和轻骨料混凝土小型空心砌块。

施工时所用的小砌块的产品龄期不应小于 28 d。普通混凝土小砌块饱和吸水率低、吸水速度迟缓，一般可不浇水，天气炎热时，可适当洒水湿润。轻骨料混凝土小砌块的吸水率较大，宜提前浇水湿润。

底层室内地面以下或防潮层以下的砌体，应采用强度等级不低于 C20 的混凝土灌实小砌块的孔洞。

小砌块墙体应对孔错缝搭砌，搭接长度不应小于 90 mm。墙体的个别部位不能满足上述要求时，应在灰缝中设置拉结钢筋或钢筋网片，但竖向通缝仍不得超过两皮小砌块。浇灌芯柱的混凝土，宜选用专用的小砌块灌孔混凝土，当采用普通混凝土时，其坍落度不应小于 90 mm。砌筑砂浆强度大于 1 MPa 时，方可浇灌芯柱混凝土。浇灌时清除孔洞内的砂浆等杂物，并用水冲洗；先注入适量与芯柱混凝土相同的去石水泥砂浆，再浇灌混凝土。

小砌块墙体转角处和纵横交接处应同时砌筑。临时间断处应砌成斜槎，斜槎水平投影长度不应小于高度的 2/3。

小砌块砌体的灰缝应横平竖直，水平灰缝厚度和竖向灰缝宽度宜为 10 mm，但不应大于 12 mm，也不应小于 8 mm。砌体水平灰缝的砂浆饱满度，应按净面积计算不得低于 90%；竖向灰缝饱满度不得小于 80%，竖缝凹槽部位应用砌筑砂浆填实；不得出现瞎缝、透明缝。

（二）蒸压加气混凝土砌块砌体施工

砌块加气混凝土砌块可砌成单层墙或双层墙体。单层墙是将加气混凝土砌块立砌，墙厚为砌块的宽度。双层墙是将加气混凝土砌块立砌两层，中间夹以空气层，两层砌块间，每隔 500 mm 墙高在水平灰缝中放置Φ 4～Φ 6 的钢筋扒钉，扒钉间距为 600 mm，空气层厚度 70～80 mm。承重加气混凝土砌块墙的外墙转角处、墙体交接处，均应沿墙高 1 m 左右，在水平灰缝中放置拉结钢筋，拉结钢筋为 3 Φ 6，钢筋伸入墙内不少于 1 000 mm。加气混凝土砌块砌筑前，应根据建筑物的平面、立面图绘制砌块排列图。在墙体转角处设置皮数杆，皮数杆上画出砌块皮数及砌块高度，并拉准线砌筑。加气混凝土砌块墙的上下皮砌块的竖向灰缝应相互错开,相互错开长度宜为 300 mm,并且不小于 150 mm。

加气混凝土砌块墙的灰缝应横平竖直,砂浆饱满,水平灰缝砂浆饱满度不应小于 90%;竖向灰缝砂浆饱满度不应小于 80%。水平灰缝厚度宜为 15 mm;竖向灰缝宽度宜为 20 mm。

(三)粉煤灰砌块砌体施工

粉煤灰砌块墙砌筑前,应按设计图绘制砌块排列图,并在墙体转角处设置皮数杆。粉煤灰砌块的砌筑面应适量浇水。粉煤灰砌块的砌筑方法可采用“铺灰灌浆法”。先在墙顶上摊铺砂浆,然后将砌块按砌筑位置摆放到砂浆层上,并与前一块砌块靠拢,留出不大于 20 mm 的空隙。待砌完一皮砌块后,在空隙两旁装上夹板或塞上泡沫塑料条,在砌块的灌浆槽内灌砂浆,直至灌满。等到砂浆开始硬化不流淌时,即可卸掉夹板或取出泡沫塑料条。

灌粉煤灰砌块上下皮的垂直灰缝应相互错开,错开长度应不小于砌块长度的 1/3。其灰缝厚度、砂浆饱满度及转角、交接处的要求同加气混凝土砌块。

粉煤灰砌块墙砌到接近上层楼板底时,因最上一皮不能灌浆,可改用烧结普通砖斜砌挤紧。砌筑粉煤灰砌块外墙时,不得留脚手眼。每一楼层内的砌块墙应连续砌完,尽量不留接槎。如必须留槎时应留成阳槎,或在门窗洞口侧边间断。留槎处属薄弱部位,在留槎时,槎口里面要放置拉结筋以加强砌体受力强度。

第二节　砌体材料的品种及质量标准

一、烧结普通砖的质量标准

(1)尺寸偏差:普通烧结砖的尺寸允许偏差应满足表 7-2 的规定。

表 7-2　普通烧结砖的尺寸允许偏差

公称尺寸(mm)	优等品		一等品		合格品	
	样本平均偏差(mm)	样本极差(mm),≤	样本平均偏差(mm)	样本极差(mm),≤	样本平均偏差(mm)	样本极差(mm),≤
240	±2.0	8	±2.5	8	±3.0	8
115	±1.5	6	±2.0	6	±2.5	7
53	±1.5	4	±1.6	5	±2.0	6

(2)外观质量:普通烧结砖的外观质量应满足表 7-3 的规定。

表 7-3　普通烧结砖的外观质量

项目		优等品	一等品	合格品
两面高差(mm)	≤	2	3	5
弯曲(mm)	≤	2	3	5
杂质凸出高度(mm)	≤	2	3	5
缺棱掉角的三个破坏尺寸(mm)	不得同时大于	15	20	30

续表 7-3

项目		优等品	一等品	合格品
裂纹长度(mm),≤	大面上宽度方向及其延伸至条面的长度	30	60	80
	大面上宽度方向及其延伸至顶面的长度或条面上水平裂纹的长度	50	80	100
完整面,不得少于		一条面和一顶面	一条面和一顶面	—
颜色		基本一致	—	—

注:凡有以下缺陷之一,不得称为完整面:①缺损在条面或顶面上造成的破坏面尺寸同时大于 10 mm×10 mm;②条面或顶面上裂纹宽度大于 1 mm,其长度超过 30 mm;③压陷、黏底、焦花在条面或顶面上的凹陷或凸出超过 2 mm,区域尺寸同时大于 10 mm×10 mm。

(3)强度:普通烧结砖的强度等级应符合表 7-4 的规定。

表 7-4　普通烧结砖的强度等级

强度等级	抗压强度平均值 $\bar{f}$(MPa),≥	变异系数 $\delta \leq 0.21$	变异系数 $\delta > 0.21$
		强度标准值 f_k(MPa),≥	单块最小抗压强度值 f_{min}(MPa),≥
MU30	30.0	22.0	25.0
MU25	25.0	18.0	22.0
MU20	20.0	14.0	16.0
MU15	15.0	10.0	12.0
MU10	10.0	6.5	7.5

(4)抗风化性能:抗风化性能是指砖在干湿变化、温度变化、冻融变化等物理因素作用下,不破坏并长期保持原有性能的能力。地域不同,风化作用程度不同。按风化指数将我国不同地区分为严重风化区和非严重风化区,见表 7-5 所示。

表 7-5　风化区的划分

严重风化区		非严重风化区	
1.黑龙江省	8.青海省	1.山东省	11.福建省
2.吉林省	9.陕西省	2.河南省	12.台湾省
3.辽宁省	10.山西省	3.安徽省	13.广东省
4.内蒙古自治区	11.河北省	4.江苏省	14.广西壮族自治区
5.新疆维吾尔自治区	12.北京市	5.湖北省	15.海南省
6.宁夏回族自治区	13.天津市	6.江西省	16.云南省
7.甘肃省		7.浙江省	17.西藏自治区
		8.四川省	18.上海市
		9.贵州省	19.重庆市
		10.湖南省	

普通烧结砖在严重风化区中的1、2、3、4、5地区必须进行冻融试验,其他地区的烧结普通砖的抗风化性能应满足表7-6的规定,否则,必须进行冻融试验。冻融试验后,每块砖样不允许出现裂纹、分层、掉皮、缺棱、掉角等现象;质量损失不得大于2%。

表7-6 普通烧结砖的抗风化性能

砖种类	严重风化区				非严重风化区			
	5 h沸煮吸水率(%),≤		饱和系数≤		5 h沸煮吸水率(%),≤		饱和系数≤	
	平均值	单块最大值	平均值	单块最大值	平均值	单块最大值	平均值	单块最大值
黏土砖	21	23	0.85	0.87	23	25	0.88	0.90
粉煤灰砖	23	25			30	32		
页岩砖	16	18	0.74	0.77	18	20	0.78	0.80
煤矸石砖	19	21			21	23		

注:粉煤灰掺入量(体积比)小于30%时,抗风化性能指标按黏土砖规定。

(5)泛霜:烧结普通砖每块砖样应符合下列规定:优等品无泛霜;一等品不允许出现中等泛霜;合格品不允许出现严重泛霜。

(6)石灰爆裂:普通烧结砖的石灰爆裂应符合表7-7的规定。

表7-7 普通烧结砖的石灰爆裂

优等品	不允许出现最大破坏尺寸大于2 mm的爆裂区域
一等品	(1)最大破坏尺寸在2~10 mm的爆裂区域,每组砖样不得多于15处; (2)不允许出现最大破坏尺寸大于10 mm的爆裂区域
合格品	(1)最大破坏尺寸在2~15 mm的爆裂区域,每组砖样不得多于15处,其中大于10 mm的不得多于7处; (2)不允许出现最大破坏尺寸大于15 mm的爆裂区域

二、烧结多孔砖的质量标准

(1)尺寸允许偏差:烧结多孔砖的尺寸允许偏差应满足表7-8的规定。

表7-8 烧结多孔砖的尺寸允许偏差

公称尺寸(mm)	优等品		一等品		合格品	
	样本平均偏差(mm)	样本极差(mm),≤	样本平均偏差(mm)	样本极差(mm),≤	样本平均偏差(mm)	样本极差(mm),≤
290、240	±2.0	5	±2.5	7	±3.0	8
190、180、175、140、115	±1.5	5	±2.0	6	±2.5	7
90	±1.5	4	±1.7	5	±2.0	6

(2)外观质量:烧结多孔砖的外观质量应满足表 7-9 的规定。

表 7-9 烧结多孔砖的外观质量

项目		优等品	一等品	合格品
杂质在砖面上造成凸出高度(mm) ≤		3	4	5
缺棱掉角的三个破坏尺寸(mm) 不得同时大于		15	20	30
裂纹长度(mm),≤	大面上深入孔壁 15 mm 以上宽度方向及其延伸至条面的长度的裂纹	60	80	100
	大面上深入孔壁 15 mm 以上宽度方向及其延伸至顶面的长度的裂纹	60	100	120
	条、顶面上的水平裂纹	80	100	120
完整面,不得少于		一条面和一顶面	一条面和一顶面	—
颜色		基本一致	基本一致	—

注:凡有以下缺陷之一,不得称为完整面:①缺损在条面或顶面上造成的破坏面尺寸同时大于 20 mm×30 mm;②条面或顶面上裂纹宽度大于 1 mm,其长度超过 70 mm;③压陷、黏底、焦花在条面或顶面上的凹陷或凸出超过 2 mm,区域尺寸同时大于 20 mm×30 mm。

(3)强度:烧结多孔砖的强度等级应符合表 7-10 的规定。

表 7-10 烧结多孔砖的强度等级

强度等级	抗压强度平均值 $\bar{f}$(MPa),≥	变异系数 $\delta \leqslant 0.21$	变异系数 $\delta > 0.21$
		强度标准值 f_k(MPa),≥	单块最小抗压强度值 f_{min}(MPa),≥
MU30	30.0	22.0	25.0
MU25	25.0	18.0	22.0
MU20	20.0	14.0	16.0
MU15	15.0	10.0	12.0
MU10	10.0	6.5	7.5

(4)抗风化性能:在严重风化区中的 1、2、3、4、5 地区必须进行冻融试验,其他地区的烧结多孔砖的抗风化性能应满足表 7-11 的规定,否则,必须进行冻融试验。冻融试验后,每块砖样不允许出现裂纹、分层、掉皮、缺棱、掉角等现象。

表 7-11　烧结多孔砖的抗风化性能

砖种类	严重风化区				非严重风化区			
	5 h 沸煮吸水率(%),≤		饱和系数≤		5 h 沸煮吸水率(%),≤		饱和系数≤	
	平均值	单块最大值	平均值	单块最大值	平均值	单块最大值	平均值	单块最大值
黏土砖	21	23	0.85	0.87	23	25	0.88	0.90
粉煤灰砖	23	25			30	32		
页岩砖	16	18	0.74	0.77	18	20	0.78	0.80
煤矸石砖	19	21			21	23		

注:粉煤灰掺入量(体积比)小于 30%时,抗风化性能指标按黏土砖规定。

(5)孔型、孔洞率及孔洞排列:烧结多孔砖的孔型、孔洞率及孔洞排列应符合表 7-12 的规定。

表 7-12　烧结多孔砖的孔型、孔洞率及孔洞排列

产品等级	孔型	孔洞率(%),≥	孔洞排列
优等品	矩形条孔或矩形孔	25	交错排列,有序
一等品			
合格品	矩形孔或其他孔型		

注:①所有孔宽应相等,孔长≤50 mm;②孔洞排列上下、左右应对称,分布均匀,手抓孔的长度方向尺寸必须平行于砖的条面;③矩形孔的孔长 L,孔宽 b 满足 $L \geq 3b$ 时,为矩形条孔。

(6)石灰爆裂:烧结多孔砖的石灰爆裂应符合表 7-13 的规定。

表 7-13　烧结多孔砖的石灰爆裂

优等品	不允许出现最大破坏尺寸大于 2 mm 的爆裂区域
一等品	(1)最大破坏尺寸在 2~10 mm 的爆裂区域,每组砖样不得多于 15 处; (2)不允许出现最大破坏尺寸大于 10 mm 的爆裂区域
合格品	(1)最大破坏尺寸在 2~15 mm 的爆裂区域,每组砖样不得多于 15 处。其中大于 10 mm 的不得多于 7 处; (2)不允许出现最大破坏尺寸大于 15 mm 的爆裂区域

三、烧结空心砖和空心砌块的质量标准

(1)尺寸允许偏差:烧结空心砖和空心砌块的尺寸允许偏差应符合表 7-14 中的规定。

表 7-14　烧结空心砖和空心砌块的尺寸允许偏差

公称尺寸(mm)	优等品		一等品		合格品	
	样本平均偏差(mm)	样本极差(mm),≤	样本平均偏差(mm)	样本极差(mm),≤	样本平均偏差(mm)	样本极差(mm),≤
>300	±2.5	6.0	±3.0	7.0	±3.5	8.0
200~300	±2.0	5.0	±2.5	6.0	±3.0	7.0
100~200	±1.5	4.0	±2.0	5.0	±2.5	6.0
<100	±1.5	3.0	±1.7	4.0	±2.0	5.0

(2)外观质量：烧结空心砖的外观质量应满足表 7-15 的规定。

表 7-15　烧结空心砖的外观质量

项目		优等品	一等品	合格品
弯曲(mm)	≤	3	4	5
缺棱掉角的三个破坏尺寸(mm)	不得同时大于	15	30	40
垂直度差(mm)	≤	3	4	5
未贯穿裂纹长度(mm)，≤	大面上宽度方向及其延伸至条面的长度	—	100	120
	大面上宽度方向或条面上水平方向的长度	—	120	140
贯穿裂纹长度(mm)，≤	大面上宽度方向及其延伸至条面的长度	—	40	60
	壁、肋沿长度方向、宽度方向及其水平方向的长度	—	40	60
壁、肋内残缺长度(mm)		—	40	60
完整面，不得少于		一条面和一顶面	一条面和一顶面	—

注：凡有以下缺陷之一，不得称为完整面：①缺损在条面或大面上造成的破坏面尺寸同时大于 20 mm×30 mm；②条面或顶面上裂纹宽度大于 1 mm，其长度超过 70 mm；③压陷、黏底、焦花在条面或顶面上的凹陷或凸出超过 2 mm，区域尺寸同时大于 20 mm×30 mm。

(3)强度等级：烧结空心砖的强度等级应符合表 7-16 的规定。

表 7-16　烧结空心砖和空心砌块的强度等级

强度等级	抗压强度			密度等级范围(kg/m^3)
	抗压强度平均值 $\bar{f}$(MPa)，≥	变异系数 $\delta \leq 0.21$	变异系数 $\delta > 0.21$	
		强度标准值 f_k(MPa)，≥	单块最小抗压强度值 f_{min}(MPa)，≥	
MU10.0	10.0	7.0	8.0	≤1 100
MU7.5	7.5	5.0	5.8	
MU5.0	5.0	3.5	4.0	
MU3.5	3.5	2.5	2.8	
MU2.5	2.5	1.6	1.8	≤800

(4)密度：烧结空心砖按体积密度划分为 4 个密度级别，分别用 800、900、1 000 和 1 100 表示，各密度级别的烧结空心砖应符合表 7-17 的规定。

表 7-17　烧结空心砖的密度级别

密度级别	800	900	1 000	1 100
5 块平均烧结空心砖的密度值(kg/m^3)	≤800	801～900	901～1 000	1 001～1 100

(5)孔洞及其结构：烧结空心砖和空心砌块的孔洞及其结构应符合表 7-18 的规定。

表 7-18　烧结空心砖和空心砌块的孔洞及其结构

等级	孔洞排数(排)			孔洞排列	孔洞率(%)
	宽度方向		高度方向		
优等品	≥200 mm <200 mm	≥7 ≥5	≥2	有序交错排列	≥40
一等品	≥200 mm <200 mm	≥5 ≥4	≥2	有序排列	
合格品	≥3			有序排列	

(6)物理性质:烧结空心砖和空心砌块的物理性质应符合表 7-19 的规定。

表 7-19　烧结空心砖和空心砌块的物理性质

项目		优等品	一等品	合格品
冻融		不允许出现裂纹、分层、掉皮、缺棱、掉角等现象	冻裂长度必须符合烧结空心砖外观质量要求的裂纹规定。 不允许出现分层、掉皮、缺棱、掉角等现象	
泛霜		不允许出现轻微泛霜	不允许出现中等泛霜	不允许出现严重泛霜
石灰爆裂(试验后每块砖试样应满足烧结空心砖的外观质量要求的裂纹及肋、壁内残缺长度规定的同时,每组试样必须符合相应质量等级的要求)		不允许出现最大破坏尺寸大于 2 mm 的爆裂区域	最大破坏尺寸大于 2 mm、小于等于 10 mm 的爆裂区域,每组试样不得多于 15 处;不允许出现大于 10 mm 的爆裂区域	最大破坏尺寸大于 2 mm、小于等于 15 mm 的爆裂区域,每组试样不得多于 15 处,其中大于 10 mm 的不得多于 7 处;不允许出现大于 15 mm 的爆裂区域
吸水率(%),≤	黏土砖、页岩砖、煤矸石砖	16	18	20
	粉煤灰砖	22	24	25

四、蒸压灰砂砖的质量标准

(1)尺寸偏差和外观:蒸压灰砂砖的尺寸偏差和外观应符合表 7-20 的规定。

表 7-20　蒸压灰砂砖的尺寸偏差和外观

项目		优等品	一等品	合格品
尺寸允许偏差(mm)	长度 L	±2	±2	±3
	宽度 B	±2		
	高度 H	±1		

续表 7-20

项目			优等品	一等品	合格品
缺棱掉角	个数(个)	≤	1	1	2
	最大尺寸(mm)	≤	10	15	20
	最小尺寸(mm)	≤	5	10	10
对应高度差(mm)		≤	1	2	3
裂纹	条数(条)	≤	1	1	2
	大面上宽度方向及其延伸到条面的长度(mm)	≤	20	50	70
	大面上宽度方向及其延伸到顶面的长度或条、顶面水平裂纹的长度(mm)	≤	30	70	100

(2)强度等级:蒸压灰砂砖的强度等级应符合表 7-21 的规定。

表 7-21 蒸压灰砂砖的强度等级

强度等级	抗压强度		抗折强度	
	平均值(MPa),≥	单块最小值(MPa),≥	平均值(MPa),≥	单块最小值(MPa),≥
MU25	25.0	20.0	5.0	4.0
MU20	20.0	16.0	4.0	3.2
MU15	15.0	12.0	3.3	2.6
MU10	10.0	8.0	2.5	2.0

(3)抗冻性:蒸压灰砂砖的抗冻性指标应符合表 7-22 的规定。

表 7-22 蒸压灰砂砖的抗冻性指标

强度等级	冻后抗压强度平均值(MPa),≥	单块砖的干质量损失(%),≤	强度等级	冻后抗压强度平均值(MPa),≥	单块砖的干质量损失(%),≤
MU25	20.0	2.0	MU15	12.0	2.0
MU20	16.0	2.0	MU10	8.0	2.0

五、蒸压粉煤灰砖

(1)蒸压粉煤灰砖的尺寸偏差和外观应符合表 7-23 的规定。

表 7-23 蒸压粉煤灰砖的尺寸偏差和外观

项目		优等品	一等品	合格品
尺寸允许偏差(mm)	长度	±2	±2	±3
	宽度	±2		
	高度	±1		

续表 7-23

项目			优等品	一等品	合格品
缺棱掉角	个数(个)	≤	1	1	2
	最大尺寸(mm)	≤	10	15	20
	最小尺寸(mm)	≤	5	10	10
对应高度差(mm)		≤	1	2	3
缺棱掉角的最小破坏尺寸(mm)		≤	10		
完整面		≥	二条面和一顶面或二顶面和一条面	一条面和一顶面	一条面和一顶面
裂纹长度(mm),≤	大面上宽度方向的裂纹(包括延伸到条面上的长度)(mm)	≤	30	50	70
	其他裂纹		50	70	100

注:在条面或顶面上破坏面的两个尺寸同时大于 10 mm×20 mm 者为非完整面。

(2)强度等级:蒸压粉煤灰砖的强度等级应符合表 7-24 的规定。

表 7-24 蒸压灰砂砖的强度等级

强度等级	抗压强度		抗折强度	
	平均值(MPa),≥	单块最小值(MPa),≥	平均值(MPa),≥	单块最小值(MPa),≥
MU30	30.0	24.0	6.2	5.0
MU25	20.0	20.0	5.0	4.0
MU20	15.0	16.0	4.0	3.2
MU15	15.0	12.0	3.3	2.6
MU10	10.0	8.0	2.5	2.0

(3)抗冻性:蒸压粉煤灰砖的抗冻指标应符合表 7-25 的规定。

表 7-25 蒸压粉煤灰砖的抗冻性指标

强度等级	冻后抗压强度平均值(MPa),≥	单块砖的干质量损失(%),≤	强度等级	冻后抗压强度平均值(MPa),≥	单块砖的干质量损失(%),≤
MU30	24.0	2.0	MU15	12.0	2.0
MU25	20.0	2.0	MU10	8.0	2.0
MU20	16.0	2.0			

(4)干缩性:优等品和一等品的蒸压粉煤灰砖干缩值应不大于 0.65 mm/m;合格品的蒸压粉煤灰砖干缩值应不大于 0.75 mm/m。

(5)碳化性能:蒸压粉煤灰砖的碳化性能:碳化系数 $K_c \geq 0.8$。

六、加气混凝土砌块

（1）尺寸偏差和外观质量：加气混凝土砌块的尺寸偏差和外观质量应符合表 7-26 的规定。

表 7-26　加气混凝土砌块的尺寸偏差和外观质量

项目			优等品	一等品	合格品
尺寸允许偏差(mm)	长度		±3	±4	±5
	宽度		±2	±3	+3，-4
	高度		±2	±3	+3，-4
缺棱掉角	个数(个)	≤	0	1	2
	最大尺寸(mm)	≤	0	70	70
	最小尺寸(mm)	≤	0	30	30
平面弯曲(mm)		≤	0	3	5
裂纹	条数(条)	≤	0	1	2
	任一面上的裂纹长度不得大于裂纹方向的		0	1/3	1/2
	贯穿一棱二面的裂纹长度不得大于裂纹所在面的裂纹方向尺寸总和的		0	1/3	1/3
爆裂、黏模和损坏深度(mm)		≤	10	20	30
表面疏松、层裂			不允许		
表面油污			不允许		

（2）强度及强度等级：加气混凝土砌块按立方体抗压强度划分为 7 个强度等级，用“A”和“立方体抗压强度平均值”表示，加气混凝土砌块应符合表 7-27 的规定。

表 7-27　加气混凝土砌块的抗压强度

强度等级	立方体抗压强度		强度等级	立方体抗压强度	
	平均值(MPa)，≥	单块最小值(MPa)，≥		平均值(MPa)，≥	单块最小值(MPa)，≥
A1.0	1.0	0.8	A5.0	5.0	4.0
A2.0	2.0	1.6	A7.5	7.5	6.0
A2.5	2.5	2.0	A10.0	10.0	8.0
A3.5	3.5	2.0			

（3）体积密度级别：加气混凝土按干体积密度划分为 6 个体积密度级别，用“B”和“干体积密度值”表示，各体积密度级别的加气混凝土应符合表 7-28 的规定。

表 7-28　加气混凝土体积密度级别

体积密度级别		B03	B04	B05	B06	B07	B08
体积密度（kg/m^3），≤	优等品（A）	300	400	500	600	700	800
	一等品（B）	330	430	530	630	730	830
	合格品（C）	350	450	550	650	750	850

加气混凝土的强度级别与体积密度级别之间的关系应符合表 7-29 的规定。

表 7-29　加气混凝土的强度级别与体积密度级别之间的关系

体积密度级别		B03	B04	B05	B06	B07	B08
强度级别	优等品（A）	A1.0	A2.0	A3.5	A5.0	A7.5	A10.0
	一等品（B）			A3.5	A5.0	A7.5	A10.0
	合格品（C）			A2.5	A3.5	A5.0	A7.5

（4）其他性能：加气混凝土的干燥收缩值、抗冻性、导热系数（干态）应符合表 7-30 的规定。

表 7-30　加气混凝土的干燥收缩值、抗冻性、导热系数（干态）

体积密度级别		B03	B04	B05	B06	B07	B08
干燥收缩值	标准法（mm/m），≤	0.50					
	快速法（mm/m），≤	0.80					
抗冻性	质量损失（%），≤	5.0					
	冻后强度（MPa），≥	0.8	1.6	2.0	2.8	4.0	6.0
导热系数（干态）[W/(m·K)]，≤		0.10	0.12	0.14	0.16	—	—

七、混凝土小型空心砌块

（1）尺寸偏差：混凝土小型空心砌块的尺寸偏差和外观质量应符合表 7-31 的规定。

表 7-31　混凝土小型空心砌块的尺寸偏差和外观

项目名称			优等品（A）	一等品（B）	合格品（C）
尺寸允许偏差（mm）	长度 L		±2	±2	±3
	宽度 B				±3
	高度 H				+3，-4
外观质量	弯曲（mm）		2	2	3
	缺棱掉角	个数（个）　≤	0	2	2
		三个方向投影尺寸的最小值（mm）　≤	0	20	30
	裂纹延伸的投影尺寸累计（mm）　≤		0	20	30

(2)强度等级:混凝土小型空心砌块的强度等级应符合表 7-32 的规定。

表 7-32　混凝土小型空心砌块的强度等级

强度等级	抗压强度(MPa)		强度等级	抗压强度(MPa)	
	平均值≥	单块最小值≥		平均值≥	单块最小值≥
MU3.5	3.5	2.8	MU10.0	10.0	8.0
MU5.0	5.0	4.0	MU15.0	15.0	12.0
MU7.5	7.5	6.0	MU20.0	20.0	16.0

(3)相对含水率:混凝土小型空心砌块的相对含水率应符合表 7-33 的规定。

表 7-33　混凝土小型空心砌块的相对含水率

项目	潮湿地区	中等潮湿地区	干燥地区
相对含水率(%)≤	45	40	35

注:潮湿地区是指年平均相对湿度≥75%的地区;中等潮湿地区是指年平均相对湿度 50%~75%的地区;干燥地区是指年平均相对湿度<50%的地区。

(4)抗冻性:混凝土小型空心砌块的抗冻性应符合表 7-34 的规定。

表 7-34　混凝土小型空心砌块的抗冻性

使用环境条件		抗冻等级	指标
非采暖地区		无规定	—
采暖地区	一般环境	D15	强度损失≤25% 质量损失≤5%
	干湿交替环境	D25	

注:非采暖地区是指最冷月份平均气温>-5 ℃的地区;采暖地区是指最冷月份平均气温≤-5 ℃的地区。

第三节　取样规定

一、检验批的规定

砌体材料应按批进行验收,根据砌体材料的品种不同,其验收批规定的数量也不同。

(1)烧结普通砖是以同一生产厂家生产的同原料、同工艺、同一强度等级的烧结普通砖到施工现场后,按 15 万块砖为一检验批,抽检数量至少一组。

(2)烧结多孔砖和烧结空心砖是以同一生产厂家生产的同原料、同工艺、同一强度等级的烧结多孔砖或烧结空心砖到施工现场后,按 5 万块砖为一检验批,抽检数量至少一组。

(3)蒸压灰砂砖和蒸压粉煤灰砖是以同一生产厂家生产的同原料、同工艺、同一强度等级的蒸压灰砂砖和蒸压粉煤灰砖到施工现场后,按 10 万块砖为一检验批,抽检数量至少一组。

(4)加气混凝土砌块是以同一生产厂家生产的同原料、同工艺、同一强度等级的加气混凝土砌块到施工现场后,按 1 万块砖为一检验批,抽检数量至少一组。

(5)混凝土小型空心砌块是以同一生产厂家生产的同原料、同工艺、同一强度等级的混凝土小型空心砌块到施工现场后,按1万块砖为一检验批,抽检数量至少一组。用于多层建筑基础和底层的混凝土小型空心砌块,抽检数量至少两组。

二、砌体材料的取样规定

(1)烧结普通砖、烧结多孔砖和烧结空心砖:不同检验项目的抽样数量应按表7-35的规定进行。

表7-35　烧结普通砖、烧结多孔砖和烧结空心砖:不同检验项目的抽样数量(块)

品种	外观质量	尺寸偏差	强度等级	孔型、孔洞率及孔洞排列	泛霜	石灰爆裂	吸水率、饱和系数	冻融
烧结普通砖	50	20	10	—	5	5	5	—
烧结多孔砖和烧结空心砖	50	20	10	5	5	5	5	5

(2)蒸压灰砂砖和蒸压粉煤灰砖:抽样数量应按表7-36进行。

表7-36　蒸压灰砂砖和蒸压粉煤灰砖抽样数量

检验项目	外观质量	尺寸偏差	强度等级	冻融	碳化	干缩值
抽样数量(块)	50	20	10	5	5	5

(3)加气混凝土砌块:加气混凝土砌块的抽样是在同一检验批的产品中,随机抽取80块砌块,进行尺寸偏差和外观质量检验;从外观质量与尺寸偏差检验合格的砌块中,随机抽取15块砌块制作试件,进行以下项目的检验,见表7-37所示。

表7-37　加气混凝土砌块的抽样数量

检验项目	体积密度	强度级别	抗冻性	干燥收缩	导热系数
抽样数量	3组9块	5组15块	3组9块	3组9块	1组2块

(4)小型混凝土空心砌块:小型混凝土空心砌块的抽样数量应按表7-38进行。

表7-38　小型混凝土空心砌块的抽样数量

检验项目	外观质量	尺寸偏差	强度等级	体积密度和空心率	含水率吸水率相对含水率	干燥收缩	冻融	软化系数	碳化	抗冻	抗渗
抽样数量(块)	50	20	10	3	3	3	5	10	12	10	3

第四节　砌墙砖与砌块试验

一、砌墙砖试验

(一)尺寸测量

(1)测量仪器设备:砖用卡尺(分度值为 0.5 mm)。

(2)测量方法:长度应在砖的 2 个大面的中间处分别测量 2 个尺寸;宽度应在砖的 2 个大面中间处分别测量 2 个尺寸;高度应在砖的 2 个条面中间分别测量 2 个尺寸。如被测处有缺损或凸出时,可在其旁边测量,但应选择不利的一侧。

每一尺寸测量不足 0.5 mm 按 0.5 mm 计,每一方向尺寸以 2 个测量值的算术平均值表示。

(3)试验结果:样本平均偏差是以 20 块试样同一方向测量尺寸的算术平均值减去其公称尺寸的差值,样本极差是抽检的 20 块试样中同一方向最大测量值与最小值之差值。

(二)外观质量检查

1.仪器设备

砖用卡尺(同尺寸测量)、钢直尺(分度值为 1 mm)。

2.检测方法

(1)缺损:缺棱掉角在砖上造成的破坏程度,以及破损部分对长、宽、高三个棱边的投影尺寸来测量。缺损造成的破坏面是指缺损部分对条、顶面的投影面积。

(2)裂纹:裂纹分为长度方向、宽度方向和水平方向三种,以被测方向的投影长度来表示。如裂纹从一个面延伸到其他面上时,则累计其延伸的投影长度。裂纹长度以在三方向上分别测得的最长裂纹作为测量结果。

(3)弯曲:弯曲分别在大面和条面上测量。测量时,将砖用卡尺的两支脚沿棱边两端放置。择其弯曲最大处将直尺推至砖面,但不应将因杂质或碰伤造成的凹处计算在内。

(4)杂质凸出高度:杂质在砖面上造成的凸出高度,以杂质距砖面的最大距离表示。测量时将砖用卡尺的两支脚放在凸出两边的砖平面上,以垂直尺测量。

(三)抗压强度试验

1.仪器设备

(1)材料试验机:试验机的示值相对误差≤±1%,其下压板为球铰支座,预期最大破坏荷载应在量程的 20%~80%。

(2)试件制备平台。

(3)其他:水平尺(规格为 250~300 mm)、钢直尺(分度值为 1 mm)。

2.试样制备

(1)烧结普通砖试样数量为 10 块。蒸压灰砂砖试样数量为 5 块。其他砖样数量为 10 块。将砖样锯成两个半截砖,断开的半截砖长不得小于 100 mm。若不足 100 mm,应另取备用试样补足。

(2)烧结普通砖试件的制作:在试样制备平台上,将已锯断的两个半截砖在室内的净水中浸泡 10~20 min 后取出,并以断口相反方向叠放。两块半截砖之间用厚度不超过 5 mm

的32.5的普通水泥净浆进行黏结，砖试样的上下两面用厚度不超过3 mm的32.5的普通水泥净浆进行找平。制成的试件上下两面应相互平行，并垂直于侧面。

(3)烧结多孔砖、烧结空心砖试件的制作：将玻璃板放在试件制备平台上，在玻璃板上铺一张湿垫纸，纸上铺一层厚度不超过5 mm的32.5的普通水泥净浆，将在水中浸泡了10~20 min的砖试样平稳地将受压面坐在水泥浆上，在另一受压面上稍施加压力，使水泥浆与受压面相互黏结，砖的侧面应垂直于玻璃板，在水泥浆适当凝固后，连同玻璃板翻放在另一铺纸放浆的玻璃板上，再进行坐浆，用水平尺校正好玻璃板的水平。烧结多孔砖和烧结空心砖应在两个大面上坐浆。

(4)非烧结砖不需坐浆。将同一试样的两个半截砖断口相反叠放，叠合部分不得小于100 mm，即为抗压强度试件。

(5)试件养护：制成的抹面试件应放在不低于10 ℃的不通风的室内养护3 d，再进行试验。非烧结砖试件不需要进行养护，直接进行试验。

3.试验步骤

(1)测量每个试件受压面的长、宽尺寸，分别取其平均值，精确到1 mm

(2)将试件平放在试验机压板中央，垂直于受压面荷载，加荷应均匀平稳，不得发生冲击和振动。加荷速度为(5±0.5)kN/s，直至试件破坏，记录试件破坏时的最大破坏荷载。

(3)多孔砖以单块整砖沿竖孔方向加荷。

(4)空心砖沿大面方向加荷。

4.试验结果

(1)按下式分别计算10块砖的抗压强度值，精确至0.1 MPa。

$$f_{mc}=\frac{F}{LB}$$

式中 f_{mc}——抗压强度，MPa；

F——最大破坏荷载，N；

L——受压面(连接面)的长度，mm；

B——受压面(连接面)的宽度，mm。

(2)按下式计算10块砖强度变异系数、抗压强度的平均值荷标准值。

$$\delta=\frac{s}{f_{mc}}\quad \bar{f}_{mc}=\sum_{i=1}^{10}f_{mc,i}\quad s=\sqrt{(f_{mc,i}-\bar{f}_{mc})^2}$$

式中 δ——砖强度变异系数，精确至0.01，MPa；

f_{mc}——10块砖抗压强度的平均值，精确至0.01，MPa；

s——10块砖抗压强度的标准差，精确至0.01，MPa；

$f_{mc,i}$——10块砖的抗压强度值($i=1\sim10$)，精确至0.01，MPa。

5.强度等级评定

当变异系数$\delta\leqslant0.21$时，按实际测定的砖抗压强度平均值和强度标准值，根据标准中强度等级的指标，评定砖的强度等级。

标本量$n=10$时的强度标准值按下式计算。

$$f_k=\bar{f}_{mc}-1.8\delta$$

式中 f_k——10块砖抗压强度的标准值，精确至0.1，MPa。

（四）冻融试验

1.试验仪器设备

（1）低温箱或冷冻室：温度可调至-20 ℃或-20 ℃以下。

（2）其他：水槽（保持槽内水温 10~20 ℃为宜）、台秤（分度值为 5 g）和鼓风干燥箱。

2.试验步骤

烧结砖和蒸压灰砂砖为 5 块，其他砖为 10 块。用毛刷将砖表面清理干净，并编号。

（1）将试样放入温度为 105~110 ℃的烘箱中，烘干至恒量（在干燥过程中前后两次称量相差不超过 0.2%。前后两次称量时间间隔为 2 h），称其质量 G_0，并检测外观，将缺棱掉角和裂纹作上标记。

（2）将试样浸在 10~20 ℃的水中 24 h，用湿布擦去表面水分，以大于 20 mm 的间距大面侧向立放于预先降温至-15 ℃的低温箱或冷冻室中。

（3）当箱内温度再次降到-15 ℃时开始计时，在-15 ~-20 ℃温度下：烧结砖冻 3 h；非烧结砖冻 5 h。取出放入 10~20 ℃的水中融化：烧结砖不少于 2 h，非烧结砖不少于 3 h。如此为一次冻融循环。

（4）每 5 次冻融循环检查一次冻融过程中出现的破坏情况，如出现冻裂、缺棱、掉角、剥落等。

（5）冻融过程中，发现试样冻坏超过外观质量规定时，应继续试验至 15 次冻融循环结束为止。

（6）15 次冻融循环后，检查并记录在冻融过程中的冻裂长度、缺棱掉角和剥落等破坏情况。

（7）经过 15 次冻融循环后的试样，放入温度为 105~110 ℃的烘箱中，烘干至恒量，称其质量 G_1。烧结砖若未发现冻坏现象，可不进行干燥称量。

（8）将干燥后的试样（非烧结砖再在 10~20 ℃的水中浸泡 24 h）进行抗压强度检测。

3.试验结果

（1）按下式计算抗压强度，精确至 0.1 MPa

$$f_{mc} = \frac{F}{LB}$$

式中 f_{mc}——抗压强度，MPa；

F——最大破坏荷载，N；

L——受压面（连接面）的长度，mm；

B——受压面（连接面）的宽度，mm。

砖的抗压强度取其抗压强度的算术平均值作为试验结果。

（2）按下式计算质量损失，精确至 0.1%

$$G_m = \frac{G_0 - G_1}{G_0} \times 100\%$$

式中 G_m——质量损失率；

G_0——试样冻融前干质量，g；

G_1——试样冻融后干质量，g。

（五）泛霜检测

1.试验仪器设备

(1)鼓风干燥箱；

(2)耐腐蚀浅盘 5 个，容水深度为 25～35 mm

(3)能盖住浅盘的透明材料 5 张，在其中间部位开有大于理论工作试样宽、高、长 5～10 mm 的矩形孔。

(4)干湿温度计。

2.试验步骤

(1)取试样 5 块用毛刷将砖表面清理干净，并编号。放入温度为 105～110 ℃的烘箱中干燥 24 h，取出冷却至室温。

(2)将试样顶面或有孔洞的面向上分别放在 5 个浅盘中，在浅盘中注入蒸馏水，水面高度不低于 20 mm，用透明材料覆盖在浅盘上，并将试样暴露在外面，记录时间。

(3)试样在浅盘中浸泡 7 d。开始 2 d 内经常加水以保持盘内水面高度，以后保持试样浸在水中即可。试验过程要求环境温度为 16～32 ℃，相对湿度为 30%～70%。

(4)7 d 后取出试样，在同样的环境条件下放置 4 d，然后在温度为 105～110 ℃的烘箱中干燥 24 h，取出冷却至室温，记录干燥后的泛霜程度。

(5)7 d 后开始记录泛霜情况，每天一次。

3.试验结果

泛霜程度划分四种不同程度，见表 7-39 所示。

表 7-39　泛霜程度划分

无泛霜	试样表面的盐析几乎看不到
轻微泛霜	试样表面出现一层细小明显的霜膜但试样表面仍光晰
中等泛霜	试样部分表面或棱角出现明显霜层
严重泛霜	试样表面出现起砖粉、掉屑和脱皮现象

二、混凝土小型空心砌块试验

（一）尺寸偏差和外观质量检测

1.仪器设备

钢直尺或钢卷尺(分度值 1 mm)

2.尺寸偏差测量方法

长度在条面的中间测量，宽度在顶面的中间测量，高度在顶面的中间测量。每项在对应的两面各测一次，精确至 1 mm。壁、肋厚度在最小部位测量，选两处各测一次，精确至 1 mm。

3.外观质量检查

(1)弯曲测量：将钢直尺贴靠在坐浆面、铺浆面和条面，测量直尺与试件之间的最大间距,精确至 1 mm。

(2)缺棱掉角检查:将钢直尺贴靠棱边,测量缺棱掉角在长、宽、高三个方向的投影尺寸,精确至 1 mm。

(3)裂纹检查:用钢直尺测量裂纹所在面上的最大投影尺寸,若裂纹由一个面延伸到另一个面时,则累计其延伸的投影尺寸,精确至 1 mm。

(4)测量结果。试件的尺寸偏差以实际测量的长度、宽度和高度与规定尺寸的差值表示。

弯曲、缺棱掉角和裂纹长度的测量结果以最大测量值表示。

(二)抗压强度试验

1.试验仪器设备

(1)材料试验机:示值误差不大于 2%,量程选择应能使试件的预期破坏荷载在满量程的 20%~80%。

(2)钢板:厚度不小于 10 mm,平面尺寸大于 440 mm×240 mm。钢板的一面须平整,精度要求在长度方向范围内的平面度不大于 0.1 mm。

(3)玻璃板:厚度不小于 6 mm,平面尺寸与钢板相同。

(4)水平尺。

2.试件制备

处理试件的坐浆面与铺浆面,使之成为相互平行的平面。将钢板放在稳固的底座上,平整面向上,用水平尺调至水平。在钢板上先薄薄地涂一层机油或一层湿纸,然后再铺一层以 1 份重量的 32.5 以上的普通水泥和 2 份细砂加入适量的水调成水泥砂浆,将试件的坐浆面湿润后平稳地压入砂浆层内,使砂浆层尽可能均匀,厚度为 3~5 mm。将多余的砂浆沿试件棱边刮掉,静置 24 h 后再按上述方法处理铺浆面。在处理铺浆面时,应将水平尺放在已向上的坐浆面上调至水平。在温度为 10 ℃以上不通风的室内养护 3 d。

为缩短时间,也可在坐浆面砂浆处理后,不静置立即在向上的铺浆面上铺一层砂浆,用事先涂油的玻璃板,边压砂浆层边观察,将气泡全部排出,并用水平尺调至水平,直至砂浆层平面均匀厚度达 3~5 mm。

3.试验步骤

(1)测量每个试件的长和宽,分别测定上下面的两个尺寸取其平均值,精确至 1 mm。

(2)将试件放在试验机的承压板的中央,使试件的轴线与试验机压板的中心重合,以 10~30 kN/s的速度加荷,直至试件破坏。记录最大破坏荷载。

(3)若试验机压板不足以覆盖试件受压面时,可在试件上下压面加辅助钢板。辅助钢板的表面光洁度与试验机原压板相同,其厚度至少为原压板边至辅助钢板最远距离处的 1/3。

4.试验结果

按下式计算每个试件的抗压强度,精确至 0.1 MPa

$$R = \frac{F}{LB}$$

式中 R——试件的抗压强度,MPa;

F——最大破坏荷载,N;

L——试件受压面的长度,mm;

B——试件受压面的宽度,mm。

试验结果以五个试件抗压强度的算术平均值和单块最小值表示,精确至0.1 MPa。

(三)抗折强度试验

1.试验仪器设备

(1)试验机:示值误差不大于2%,量程选择应能使试件的预期破坏荷载在满量程的20%~80%。

(2)钢棒:直径35~40 mm,长度210 mm,数量3根。

(3)抗折支座:由安放在底板上的两根钢棒组成,其中至少有一根是可以自由滚动的。

2.试件制备

试件制备方法与抗压强度的试件制备方法相同。表面处理后应将试件孔洞口处的挡浆层打掉。

3.试验步骤

(1)测量每个试件的长和宽,分别测定上下面的两个尺寸取其平均值,精确至1 mm。

(2)将抗折支座放在试验机的承压板上,调整钢棒与承压板之间的距离,使其等于试件长度减一个坐浆面处的肋厚,再使抗折支座的中线与试验机压板的中心重合。

(3)将试件的坐浆面放在抗折支座上,在试件上部1/2长度处放置一根钢棒。以250 N/s的速度加荷,直至试件破坏。记录最大破坏荷载。

4.试验结果

按下式计算每个试件的抗折强度,精确至0.1 MPa

$$R_z = \frac{3FL}{2BH^2}$$

式中 R_z——试件的抗折强度,MPa;

F——最大破坏荷载,N;

L——抗折支座上两钢棒的轴线距离,mm;

B——试件的宽度,mm;

H——试件的高度,mm。

试验结果以五个试件抗折强度的算术平均值和单块最小值表示,精确至0.1 MPa。

第 8 章　选择性试验

第一节　混凝土无损检测试验

一、实验仪器

2SCANLOG 型钢筋定位仪 1 台、ZC3-A 型数字回弹仪 1 台(见图 8-1),超声波检测仪 1 台,电源、导线若干,插座 1 个。

图 8-1　ZC3-A 型数字回弹仪

二、基本原理

(一)钢筋定位仪

钢筋定位仪能快速简便地确定钢筋的位置,检测钢筋的直径和混凝土保护层的厚度,目前广泛应用于钢筋混凝土结构的无损检测。

电磁感应及涡流原理:当穿过闭合线圈的磁通改变时,线圈中出现电流的现象叫电磁感应;当整块金属内部的电子受到某种非静电力时,金属内部就会产生感应电流,这种电流就叫涡流。由于多数金属的电阻很小,因此不大的非静电力往往可以激起很大的涡流。电磁感应及涡流原理是钢筋定位仪检测的理论基础。

(二)仪器的工作原理

钢筋定位仪由主机及探头组成。根据电磁感应原理,由主机的振荡器产生频率和振幅稳定的交流信号,送入探头的激磁线圈,在线圈周围产生交变磁场,引起测量线圈出现感应电流,产生输出信号。当没有铁磁性的物质进入磁场时,由于测量线圈的对称性,此时输出信号最小,当探头逐渐靠近钢筋时,探头产生交变磁场,在钢筋内激发出涡流,而变化的涡流又反过来激发变化的电磁场,引起输出信号值慢慢增大。探头位于钢筋正上方,且其轴线与被测钢筋平行时,输出信号值最大,由此定出钢筋的位置和走向,当不考虑信号的衰减时,测量线圈输出的信号值 E 是钢筋直径 D 和探头中心至钢筋中心的垂直距离 y,以及探头中心至钢筋中心的水平距离 x 的函数。可表示为

$$E=f(D,x,y) \tag{8-1}$$

探头位于钢筋正上方时,$x=0$,此时可简单的表示为

$$E=f(D,y) \tag{8-2}$$

因此,当已知钢筋直径时,根据信号值 E 的大小,便可以计算出 y,从而得出保护层厚度 $H=y-D/2$。由式(8-2)可知,E 是一个二元函数,要测出 D,必须测量两种状态下的信号值 E,建立方程组

$$\begin{cases}E_1=f(D_1,y_1)\\E_2=f(D_2,y_2)\end{cases} \tag{8-3}$$

目前主要通过下面两种方法来测量钢筋直径。

(1)内部切换法:探头置于钢筋正上方,轴线与被测钢筋平行,仪器自动切换测量状态测量两次,得出直径测量值。该方法无须变换探头位置,减少了产生误差的环节,快捷方便容易操作。

(2)正交测量法:探头置于钢筋正上方,轴线与被测钢筋平行、垂直时各测一次,得出直径测量值。该方法因测量过程中变换位置引入了两次测量误差。

(三)检测步骤

用钢筋定位仪检测时的工作步骤可简单表示为:

(1)开机,设定工作参数。按"on/off"键,显示仪器型号、序列号、软件版本、自动检测OK、电池剩余寿命。设置钢筋直径编号、保护层下限值、临近钢筋影响的修正、语种、基本设置、数据输出、数字显示方式、钢筋扫描方式、保护层灰度显示方式,移动"↑""↓"键选择菜单项,按 Start 进入菜单项,按 End 回到测试界面。

(2)预设钢筋的直径,如瑞士 proceq 公司的 profoimeter 5 钢筋定位仪预设 $D=16$ mm。移动探头定出钢筋的位置及走向,在混凝土表面上做标记。

(3)将探头置于钢筋的正上方,探头轴向与钢筋走向一致,测出钢筋的直径 D。

(4)重新输入 D 值,同样将探头置于钢筋的正上方,探头轴向与钢筋走向一致,便可以准确测出保护层的厚度 H。

(四)回弹仪测强度

回弹法是用弹簧驱动的一个重锤,通过弹击杆(传力杆),弹击混凝土表面,并测出重锤被反弹回来的距离,以回弹值(反弹距离与弹簧初始长度之比)作为与强度相关的指标,以此来推定混凝土强度的一种方法。

当重锤被拉开(冲击前的起始状态)时,若弹簧的拉伸长度等于 L,则此时重锤所具有的势能 E 为

$$E = \frac{1}{2}E_s L^2 \tag{8-4}$$

式中,E_s 为拉力弹簧的刚度系数;L 为拉力弹簧的起始长度。

混凝土按冲击后产生的瞬时弹性变形,其恢复力使重锤回弹,当重锤被回弹到 x 位置时所具有的势能 E_x 为

$$E_x = \frac{1}{2}E_s x^2 \tag{8-5}$$

所以重锤在弹击过程中,所消耗的能量 ΔE 为

$$\Delta E = E - E_x \tag{8-6}$$

将式(8-4)和式(8-5)代入式(8-6)中得

$$\Delta E = E[1 - (x/L)^2] \tag{8-7}$$

令

$$R = x/L$$

在回弹仪中,L 为定值。所以 R 与 x 成正比,称为回弹值。将 R 代入得

$$R = \sqrt{1 - \Delta e/E} = \sqrt{e_x/E} \tag{8-8}$$

由式(8-8)可知,回弹值等于重锤冲击混凝土表面后剩余的势能与原有势能之比的平方根。简而言之,回弹值是重锤冲击过程中势能损失的反映。能量主要损失在以下几个方面:

(1)混凝土受冲击后产生塑性变形所吸收的能量。

(2)混凝土受冲击后产生振动所消耗的能量。

(3)回弹仪各结构之间的摩擦所消耗的能量。

在具体实验中,构件应该有足够的厚度,上述两项应尽可能使其固定于某一统一的条件。

例如,对较薄的试件进行加固,以减少振动,使冲击能量与仪器内摩擦损耗尽量保持统一等。因此,回弹仪应尽量进行统一的剂量率,第一项是主要的。

根据以上分析可以认为,回弹值通过重锤在弹击混凝土的前后能量变化,既反映了混凝土的弹性性能,也反映了混凝土的塑性性能,和混凝土强度有必然的关系,所以可以建立混凝土强度与回弹值的相关关系方程式,即测强曲线。通常,由于碳化的混凝土表面硬度增大,使测量的回弹值偏高,且碳化程度不同对回弹值的影响程度也不同。大量的研究和现场测试表明,碳化深度能在相当程度上反映包括混凝土龄期和混凝土所处的环境在内的综合影响,所以应把碳化深度也作为测量曲线的另一个参数。

(五)超声波法测强度

声速即超声波在混凝土中的传播速度。它是混凝土超声波检测中的一个主要参数。混凝土的声速与混凝土的弹性性质有关,也与混凝土的内部结构孔隙、材料组成有关。不同组成的混凝土,其声速也各不相同,一般来说,弹性模量越高,内部越是致密,其声速也越高。而混凝土的强度也与它的弹性模量、孔隙率密实性有密切关系。因此,某种意义上,超声波速与混凝土强度之间存在相关关系。

(六)超声回弹综合法

1.原理

超声回弹综合法是利用回弹法测定混凝土表面硬度即回弹值,同时利用超声仪测定超声波在混凝土中的声速值,根据回弹值和声速值推定混凝土的强度。由于超声声速值反映了混凝土的内部密实度,而且混凝土强度不同,其结构密实度也不同,因此可以完全建立超声声速值与混凝土抗压强度之间的相关关系式。由于声速值与回弹值综合后,原来对超声声速与回弹值有影响的因素,都不像原来单一方法时那么显著,这就扩大了超声回弹综合法的适应强度范围,提高了测试精度。

2.超声回弹综合法的基本检测方法

1)回弹值的检测与计算

(1)回弹值的测量。用于综合法测强的回弹仪,必须是处于标准状态,并于钢砧上率定值为十的仪器。用回弹仪测定时,宜使仪器处于水平状态测定混凝土浇筑侧面,此种情况修正值为0。如不能满足这一要求,也可在非水平状态测试混凝土的浇筑顶面或底面,但其回弹值应进行修正。测点宜在测区范围内均匀分布,并不弹击在气孔或外漏的石头上,同一测点只允许弹击一次,相邻两测点的间距一般不小于测点离试块边缘的距离。回弹仪的轴线方向与测试面相垂直。

(2)回弹值的计算。计算测区平均回弹值时,应将从该测区的两个测试面16个回弹值中,分别剔除一个最大值和一个最小值,然后将剩余10个回弹值的平均值作为该试块的回弹值 R_m。

$$R_m = \sum_{0}^{10} R_i/10 \tag{8-9}$$

式中，R_m 为测区或试块平均回弹值，计算精确至 0.1；R_i 为第 i 个回弹值。

2）超声声速值的测量与计算

（1）超声声速值的测量。超声仪必须符合技术要求并具有质量检查许可证。超声测点应布置在回弹测区的同一测区。为了保证换能器与测试面之间有良好的声耦合，采用凡士林作为耦合剂，发射和接收换能器应在同一轴线上，测点布置如图 8-2所示。

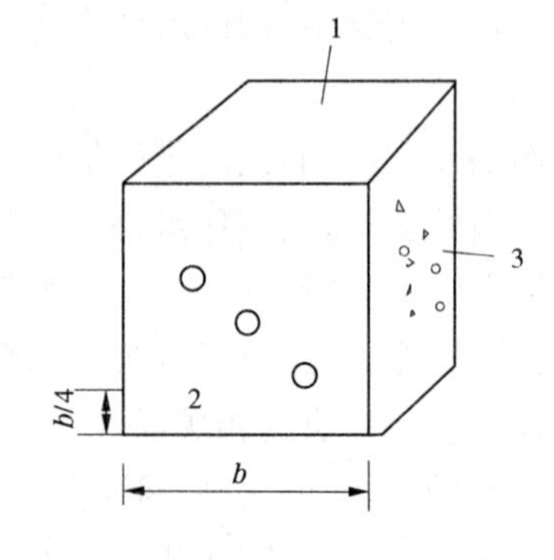

1—浇筑方向；2—超声测试方向；3—回弹测试方向

图 8-2

（2）声速值的计算。测试后得到一组试块声速值，取平均值，保留小数点后一位数字，然后除以声通路的距离即试块两测试面间的距离，即可得到声速值，并保留小数点后两位数字。

$$v = l/t_m \tag{8-10}$$

$$t_m = (t_1 + t_2 + t_3)/3 \tag{8-11}$$

式中，v 为试块声速值；l 为超声测距；t_m 为测区或试块平均声速值。

三、内容与方法

（1）利用钢筋定位仪检测结构构件（柱）钢筋的位置、保护层厚度、钢筋的直径。测量钢筋的位置、保护层厚度、钢筋的直径均要在剔除表面抹灰部分后，借助仪器实施。由于部分位置发生浇筑偏移（保护层太厚）或表面难以进行打平操作（梁），造成在现有条件下无法对保护层厚度和钢筋的直径进行测量，只测量了钢筋的位置。

（2）运用超声回弹综合法测试柱、梁的强度，借助于混凝土试块的抗压强度和非破损参数间的相关关系建立的曲线，即超声回弹综合法测强曲线，再根据实际的回弹和超声结果推断结构混凝土的强度。在超声回弹法测试柱、梁强度的过程中，为确保一定的精度，先将每根柱子都分成 2 个测区，每个测区取 16 个回弹值。对于每个测区，可从所得的 16 个回弹值中，剔除 3 个最大值和 3 个最小值，余下的 10 个回弹值用于计算该测区的平均回弹值，由此所得的回弹值还要根据不同的测试条件进行相关修正，修正值即为该测区的最终回弹值。同时，在同一测区再选择 3 点，测试它们相应的超声声速值。利用以下公式分别计算平均回弹值及测区声速。

$$R_m = [\sum_{i=1}^{n} R_i]/n \tag{8-12}$$

式中，R_m 为测区平均回弹值；n 为测区数，实验中 n 取 10；R_i 为第 i 个测区的回弹值。

$$\begin{aligned} v &= l/t_m \\ t_m &= (t_1 + t_2 + t_3)/3 \end{aligned} \tag{8-13}$$

式中，v 为测区声速值 km/s；l 为超声测距，mm；t_m 为测区平均声速值；t_1、t_2、t_3 分别为测区中 3 个测点的声速值。

由上式计算所得的平均声速值也要根据不同的测试条件进行相关修正，修正值即为该测区的最终超声声速值。

四、实验数据与相关数据分析

钢筋的位置、保护层厚度、钢筋的直径,测量内容通过附件反映。

(一)附件一:G —⑩柱子

距地高度:104 cm,钢筋的配筋情况(说明性图形表达)见图 8-3。

说明:

5 号面:*a* 处保护层为 42 mm,钢筋直径 d=28 mm;*b* 处保护层为 38 mm,钢筋直径 d=28 mm。

8 号面:*c* 处发生漏筋现象,*a* 距左边缘 4 cm,*b* 距右边缘为 4 cm。

柱子南北方向不方便测量。

(二)附件二:E —⑧柱子

距地高度:120 cm,钢筋的配筋情况见图 8-4。

说明:

7 号面:*d* 处保护层为 35 mm,钢筋直径 d=20 mm;*c* 处保护层为 38 mm;钢筋直径 d=21 mm。

6 号面:发生较大偏移,造成保护层太厚,无法检测;*d* 距左边缘 3 cm,*c* 距右边缘 5 cm,*b* 距下边缘 3 cm,*c* 距上边缘 4.5 cm。

(三)附件三:E —⑨柱子

距地面高度:120 cm,钢筋的配筋情况见图 8-5。

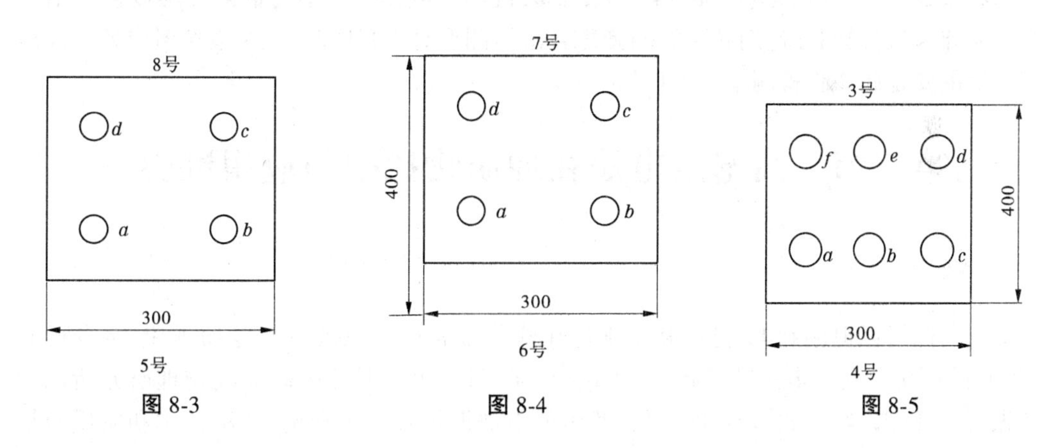

图 8-3　　图 8-4　　图 8-5

说明:

4 号面:*a* 处保护层为 41 mm,钢筋直径 d=22 mm;*b* 处保护层为 32 mm,钢筋直径d=23 mm;*c* 处保护层为 55 mm,钢筋直径 d=26 mm。

3 号面:*a* 处保护层为 55 mm,钢筋直径 d=26 mm;*f* 处保护层为 41 mm,钢筋直径 d=35 mm。

a 距左边缘 7 cm,*b* 距右边缘 15 cm,*c* 距右边缘 6 cm,*a* 距下边缘 4.5 cm,*f* 距左边缘 3 cm。

柱子超声回弹检测实测数据见表 8-1。

表 8-1　柱子超声回弹检测实测数据

	回弹值										超声波声时值			混凝土强度
1														
2														
3														
4														
5														
6														

注：1、2 组数据为 G—⑩柱子 5 号面、8 号面实测数据；
3、4 组数据为 E—⑧柱子 6 号面、7 号面实测数据；
5、6 组数据为 E—⑨柱子 3 号面、4 号面实测数据。

数据分析：

由钢筋定位仪测出的钢筋的位置、保护层厚度、钢筋的直径由上述数据可一目了然地看出，可以与实际施工图对比来确定偏移情况。

按照《超声回弹综合法检测混凝土强度技术规程》(CECS02：2005)规程规定，得到该混凝土构件的强度测定值为 49.6 MPa。通过拟合和拟合检验，混凝土回弹值满足正态分布 $N(50.1,22)$；超声波时值满足 B 分布，$a=103.9$，$B=3.47$，$s=214.8$。柱子直径在980～1 000 mm 均匀分布。另外，通过各随机变量的灵敏度分析发现，混凝土回弹值、超声波声时值和柱子的灵敏度分布、分别为85.3%、14.3%、2.2%，说明混凝土回弹值对混凝土强度换算值的影响最大，同时也说明在运用超声波回弹综合法检测混凝土强度时，超声波声时或超声波声速的测量主要是起修正检测精度的作用。

第二节　高密度电法在地质物探中的应用试验

一、概述

电法勘探可以追溯到 19 世纪初 P.Fox 在硫化金属矿上发现自然电场现象，至今已有 100 多年的历史。我国电法勘探始于 20 世纪 30 年代，由当时北平研究院物理研究所的顾功叙先生所开创。经过 80 余年的发展，我国的电法勘探在基础理论、方法技术和应用效果等方面都取得了巨大的进展，使电法成为应用地球物理学中方法种类最多、应用面最广、适应性最强的一门分支学科。同时，经过广大地球物理工作者的不懈努力，在深部构造、矿产资源、水文及工程地质、考古、环保、地质灾害、反恐等领域，电法已经或正在发挥着重要作用。高密度电法由于其高效率、深探测和精确的地电剖面成像，成为地质勘察中最有效的方法。高密度电法指的是直流高密度电阻率法，但由于从中又发展出直流激发极化法，所以统称高密度电法。它是近几年新兴起的一种无损检测方法，是一个集自动化、智能化、可视化为一体的数据采集系统。高密度电阻率法实际上是一种阵列勘探方法，野外测量时只需将全部电极(几十至上百根)置于测点上，然后利用程控电极转换开关和微机工程电测仪便可实现数据的快速和自动采集。当测量结果送入微机后，还可对数据进行处理并给出关于地电断面分布的各种物理解释的结果。该测量方法与常规电法相比较具有信息丰富、数据量大、野外施工便捷、快速等优点,同时还具有较高的横向分辨率和纵向分辨率。显然,高密度电法勘探的出现使得电法勘探的野外数据采集工作得到了质的提高和飞跃,同时使得资料的可利用信息大为丰富,高密度电阻率勘探技术的运用与发展,使电法勘探智能化程度向前迈进了一大步。由于该技术的快速发展,开发该实验项目显得尤为重要。本书结合具体工程案例介绍高密度电法在地质物探中的应用。

二、应用领域

高密度电法可广泛应用于能源勘探与城市物探、道路与桥梁勘探、金属与非金属矿产资源勘探等方面;亦用于工程地质勘察(地基基岩界面、岩溶、基岩断裂构造、覆盖层厚度、滑坡体滑移面等探测),水文工程(如找水、探测场地地下水分布等);堤坝隐患和渗漏水探测,洞体探测,考古工作,矿井、隧道含水构造及小煤窑积水探测。

三、基本原理

高密度电法与常规直流电法一样,是利用天然或人工电场,对不同岩层的电性差异引起的电场异常,查明岩层和构造等问题。高密度电法首先采用三电位电极系(即 α、β、γ 装置),在地面上进行二维测量。后来,研究提出阵列电探系统,它不仅增加了装置序列,而且可在井孔中实现 CT 成像。20 世纪 90 年代后,阵列电探系统开始往三维电阻率测量方面发展,并成功地实现了少量电极、小网格的正反演理论计算,研制出了各种各样的处理软件。三电位电极系是将温纳四极、偶极及微分装置按一定方式组合所构成的一种统一测量系统,该系统在实测中,只须利用电极转换开关,便可将每四个相邻电极进行一次组合,从而在一个测点便可获得多种电极排列的测量参数。

高密度电法具有以下优点:

(1)电极布设一次性完成,减少了因电极设置引起的干扰和由此带来的测量误差;能有效地进行多种电极排列方式的测量,从而可以获得较丰富的关于地电结构状态的地质信息。

(2)数据的采集和收录全部实现了自动化(或半自动化),不仅采集速度快,而且避免了由于人工操作所出现的误差和错误。

(3)可以实现资料的现场实时处理和脱机处理,根据需要自动绘制和打印各种成果图件,大大提高了电法的智能化程度。由此可见,高密度电法是一种成本低、效率高、信息丰富、解释方便且勘探能力显著提高的电法勘探新方法。

(一)E60C 型高密度电法仪采集数据原理

主要原理是利用不同频率电源分别向地下供电,电场稳定后断电,测量岩土体的电位衰减规律从而求出频散率。该方法主要是以岩土体的电容特性为基本物理量进行数据采集的。在数据采集的过程中将计算后的频散率直接以图形的方式显示在测窗内。

(二)工程物探方法原理

高密度电法是一个集自动化、智能化、可视化为一体的数据采集系统,与电剖面地质岩性物质成分的电性差异、电阻率与地层的岩性、空隙度及其中所充填物的性质有密切关系。通过地表不同电极距的设置可采集到地下不同的地点,不同深度的视电阻率,再对蕴含有各种地质信息的视电阻率值,采用计算机数据处理,解释及成图,从而推演出地质体的大小、形状及分布特征。因此,利用该方法来查明地下洞穴的存在及岩溶的发育情况与分布特征,具有良好的地球物理特征。

四、野外数据采集的基本步骤

(1)按照设计的装置形式布置远电极、电极,并将电极、电缆、主机接地线以及主机连接好。注意:主机接地线电极应该设置在距第一个电极5倍电极间距的位置处,以免影响测试资料。

(2)连接主机的电源线,注意电源线的正负极。

(3)等到外围设备安置好后,打开主机的电源开关并执行相应的高密度数据采集软件。

(4)调用Head菜单进行采集参数的设置。

(5)执行P-Check菜单,进行电极开关的检测,对工作不正常的电极开关应该予以及时的剔除。注意:应该断开仪器外部的接地线以及远极线。

(6)执行R-Check菜单,进行接地电阻的检测,影响接地电阻的因素可能是电缆线与电极接触不好或者是电极接触不好,此时应该根据实际情况进行相应的处理。注意:应该断开仪器外部的接地线以及远极线。

(7)接地线、远极线与主机连接好后,执行Start菜单进行数据的采集工作,并观察相应的供电电流值、测量电压数值和视电阻率数据,若电流和电压数据不在正常范围内,则应该点取Stop菜单中止数据采集过程,再调用Head进行供电参数的选择;若屏幕显示的图形颜色不丰富,则应该根据实际采集的最大最小视电阻率数值,再调用Palette菜单进行色谱的调整。等到设计基本合理后,再执行Clear清除当前的图形并使电极重新复位。注意:在执行时会提示是否将当前数据进行存盘,选择否(N)即可,再点取Start菜单进行正常的数据采集。

(8)数据采集完成之后,可调用Save菜单将数据进行存盘。

五、工程案例分析

(一)案例一

本次工程研究对象为某铝业废料处置厂候选地址。铝业的废料处置厂选址有严格的要求,必须对被选场址的工程地质、环境地质及矿产地质等进行全面勘查和评价。铝业废料处置厂按规定应远离村庄800 m,厂址的区域不能含有岩溶、断层、裂隙等不良地质。

本次数据采集使用E60C型高密度电法工作站完成,采用温纳装置进行测量,电极间距为5 m,电极数为56个。野外仪器接收到的原始数据传输至计算机中,经过软件处理得出反演图像,反映地下地质体电性特征视电阻率成像剖面及其反演图见图8-6。

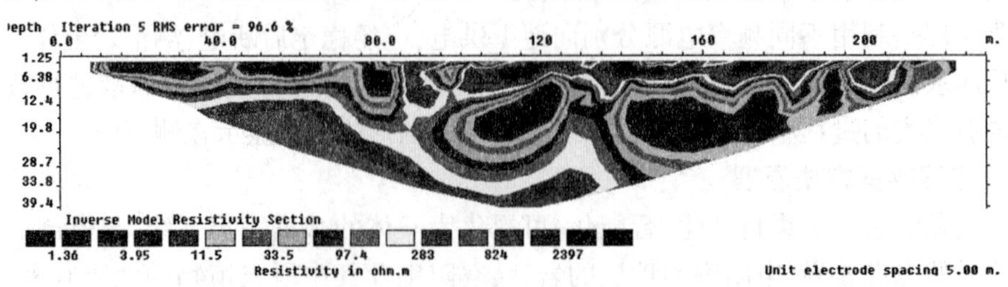

图8-6 地下地质体电性特征视电阻率成像剖面及其反演图

如图 8-6 所示，测试成果表明，该场地地层大致分布较稳定，埋深 39 m 以上一般可分为三个电性层，第一电性层分布在该测区 82~210 m 处，深度在 5 m 左右，表现为高阻区，初步推断为岩石层；第二电性层分布在 0~80 m 处，深度在 5 m 左右及 95~210 m 处，深度在 6~28 m，表现为低阻区，推断为黏土层。第三电性层埋深一般在 30 m 向下，其电阻率值较稳定，为相对低阻区，估计为粉砂层。

（二）案例二

吴家庄水库检测，吴家庄水库位于沂河水系浚河支流砂河上，控制流域面积 21 km^2。坝址坐落于平邑县吴家庄村西南，坝下游 6 km 处为平邑县县城，西 6 km 处有兖石铁路，东 3.5 km 处有 327 国道，南 6 km 处为日东高速公路。吴家庄水库由吴家庄水库建设指挥部负责施工，1959 年 10 月开工，历经 8 个月的紧张施工，于 1960 年 5 月竣工。工程建成后，曾进行多次维修和加固处理。

库坝区出露的基岩主要以沉积岩为主，其次为侵入岩，它们组成了库区周围的低山地貌，坝后区为单皮护坡，经过 40 多年的运行，坡面高低不平，多处出现冲沟，草皮护坡下填土岩性为角砾，主要由灰岩组成，填筑质量较差。

六、应用中的制约因素

由高密度电法的产生发展可知，高密度电法的基础原理还是常规电法，所以它依然继承了常规电法固有的制约因素。在水电行业应用中，主要呈现的制约因素有：

（1）地形的影响是本行业最常见的影响因素，尽管目前也出现了地形改正软件，但功能完善的并不多，总体效果不是很理想。

（2）探测体埋深过大。根据电法理论，探测体的规模与埋深需达到一定比例后方能被探测。如果规模偏小，埋深偏大，则不能被仪器有效接收。直流电阻率法的最大垂向分辨能力（探测深度）深径比对二度体不超过 $7/l$，对三度体不超过 $3/l$。

（3）多解性。由电法理论可知，探测体的电阻率和埋深之间存在 S 等值和 T 等值关系，如果其中一个参数不确定，那么就可能对应多个结果而曲线形态和曲线拟合结果完全一样。这就会在工程应用中造成很大的误差。

（4）旁侧影响。两个相邻的测点，其中一个点靠近山体或水边，那么其曲线形态就会发生较大变化，相应的解释也会发生大的变动，然而事实上地质结构却没有多大变化。这种旁侧影响也会引起高密度电法产生较大误差。

七、展望

从国外网站上了解到，高密度电法探讨领域已向三维勘探方向发展，国内一些科研单位也进行了实验性工作，它的工作布置和数据采集如图 8-7 所示，它的资料解释图件也从二维的 xz 平面发展成三维中任一平面，如图 8-8 所示。

以上分析可以看出，这种方法的解释更接近于实际，精度大为提高，参数更加丰富。但是此方法还停留在实验阶段，制约这一方法发展的主要原因是解释运算的数据量太大，尤其是反演中的雅可比函数矩阵尚无简便快速算法，它的计算量是目前最先进的个人计算机无法胜任的，所以只能等待先进算法的研究和计算机性能的提高了。

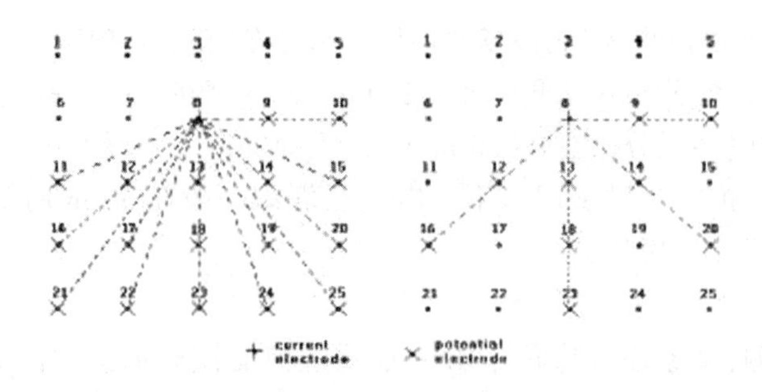

图 8-7　三维高密度电法勘探电极排列示意图

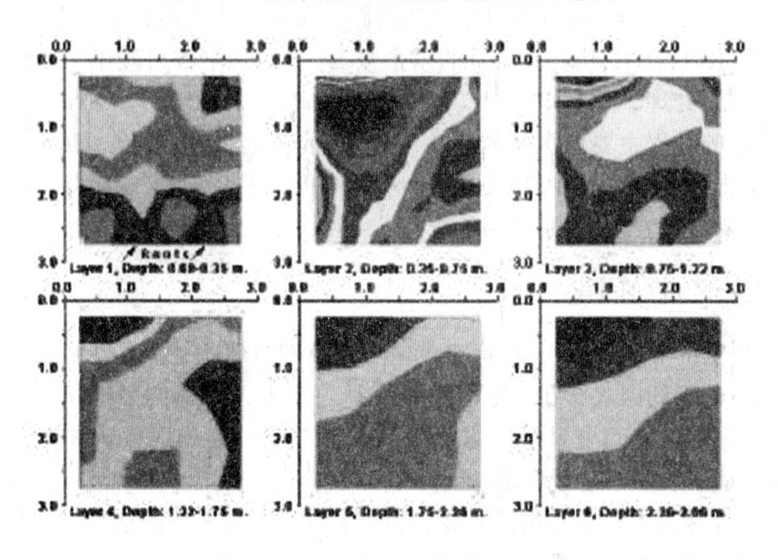

图 8-8　三维高密度电法勘探成果图

第三节　探地雷达在地质物探中的应用试验

一、概述

（一）无损检测技术

无损检测（Nondestructive Testing，NDT）是指对材料或工件实施一种不损害或不影响其未来使用性能或用途的检测手段。通过使用 NDT，能发现材料或工件内部表面所存在的欠缺，能测量工件的几何特征和尺寸，能测定材料或工件内部组成、结构、物理性能和状态等。它能应用于产品设计、材料选择、交工制造、成品检验、在役检查（维修保养）等多方面，在质量控制与降低成本之间能起最优化作用。无损检测还有助于保证产品的安全运行和有效使用。

常用的无损测试技术有射线探伤、超声检测、声发射检测、渗透探伤、磁粉探伤。此外，中子射线照相法、激光全息照相法、超声全息照相法、红外检测、微波检测等无损测试新技术也得到了发展和应用。

(二)地质雷达的优越性

地质雷达(Ground Penetrating Radar,GPR)是探测地下物体的地质雷达的简称。地质雷达利用超高频电磁波探测地下介质分布,它的基本原理是:发射机通过发射天线发射中心频率为12.5~1 200 M、脉冲宽度为0.1 ns的脉冲电磁波信号,当这一信号在岩层中遇到探测目标时,会产生一个反射信号。直达信号和反射信号通过接收天线输入到接收机,放大后由示波器显示出来。根据示波器有无反射信号,可以判断有无被测目标;根据反射信号到达滞后时间及目标物体平均反射波速,可以大致计算出探测目标的距离。

由于地质雷达的探测是利用超高频电磁波,使得其探测能力优于管线探测仪等使用普通电磁波的探测类仪器,所以地质雷达通常广泛用于考古、基础深度确定、冰川、地下水污染、矿产勘探、潜水面、溶洞、地下管缆探测、分层、地下埋设物探查、公路地基和铺层、钢筋结构、水泥结构、无损探伤等检测。

地质雷达作为近十余年来发展起来的地球物理高新技术方法,以其分辨率高、定位准确、快速经济、灵活方便、剖面直观、实时图像显示等优点,备受广大工程技术人员的青睐。现已成功地应用于岩土工程勘察、工程质量无损检测、水文地质调查、矿产资源研究、生态环境检测、城市地下管网普查、文物及考古探测等众多领域,取得了显著的探测效果和社会经济效益,并在工程实践中不断完善和提高,必将在工程探测领域发挥愈来愈重要的作用。

二、基本原理

(一)地质雷达的工作原理

地质雷达检测是利用高频电磁波以宽频带短脉冲的形式,其工作过程是由置于地面的发射天线发送入地下一高频电磁脉冲波,地层系统的结构层可以根据其电磁特性(如介电常数)来区分,当相邻的结构层材料的电磁特性不同时,就会在其界面间影响射频信号的传播,发生透射和反射。一部分电磁波能量被界面反射回来,另一部分能量会继续穿透界面进入下一层介质,电磁波在地层系统内传播的过程中,每遇到不同的结构层,就会在层间界面发生透射和反射,由于介质对电磁波信号有损耗作用,所以透射的雷达信号会越来越弱。探地雷达主要由天线、发射机、接收机、信号处理机和终端设备(计算机)等组成。

各界面反射电磁波由天线中的接收器接收并由主机记录,利用采样技术将其转化为数字信号进行处理。从测试结果剖面图得到从发射经地下界面反射回到接收天线的双程走时t。当地下介质的波速已知时,可根据测到的精确t值求得目标体的位置和埋深。这样,可对各测点进行快速连续的探测,并根据反射波组的波形与强度特征,通过数据处理得到地质雷达剖面图像。而通过多条测线的探测,则可了解场地目标体平面分布情况。通过对电磁波反射信号(即回波信号)的时频特征、振幅特征、相位特征等进行分析,便能了解地层的特征信息(如介电常数、层厚、空洞等)。

地质雷达与探空雷达相似,利用高频电磁波(主频为数十数百乃至数千兆赫)以宽频带短脉冲的形式,由地面通过发射天线向地下发射,当它遇到地下地质体或介质分界面时发生反射,返回地面,被放置在地表的接收天线接收,并由主机记录下来,形成雷达剖面图。由于电磁波在介质中传播时,其路径、电磁波场强度以及波形将随所通过介质的电磁特性及其几何形态而发生变化。因此,根据接收到的电磁波特征,即波的旅行时间(亦称双程走时)、幅度、频率和波形等,通过雷达图像的处理和分析,可确定地下界面或目标体的空间位置或结构特征。

地质雷达由发射天线、接收天线、信号接收系统和处理系统组成。发射天线向目标物体发射高频电磁波，当电磁波到达检测体中两种不同介质分界面时（如衬砌界面、空洞、不密实区、钢结构等），由于上下介质的介电常数不同而使电磁波发声折射和反射。反射回地面的电磁波由接收天线所接收并传送至主机放大和初步处理，最后信号储存于计算机中，作为野外采集的原始数据。在室内把野外采集的原始数据通过专业分析软件处理，得到雷达时间剖面图，通过波速校正，可以转化为深度剖面图。图谱再经过滤波等处理，可使用不同层面清晰地反映出来，同时根据图形特征分析存在的缺陷和目标物的类型。

接收反射信号的强度 R 和时间历程 T 用下式表示：

$$R=\frac{\sqrt{\Sigma_1}-\sqrt{\Sigma_2}}{\sqrt{\Sigma_1}+\sqrt{\Sigma_2}} \tag{8-14}$$

$$T=\frac{2\sqrt{\Sigma_1}}{\sqrt{\Sigma_1}+\sqrt{\Sigma_2}} \tag{8-15}$$

式中，Σ_1、Σ_2 分别为上、下介电常数。

探测物的时间历程如图 8-9 所示。

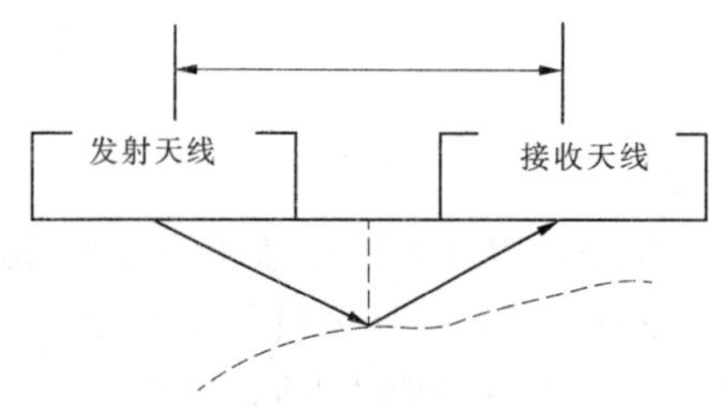

图 8-9　地质雷达探地原理示意图

检测深度 H 按下式计算：

$$H=v\times\frac{T}{2} \tag{8-16}$$

式中，v 为波速，cm/ns；T 为时间，ns。

波速 v 和介电常数 $\sqrt{\Sigma_1}$ 关系如下：

$$v=\frac{C}{\sqrt{\Sigma_1}} \tag{8-17}$$

式中，C 为光速，为 30 cm/ns。

（二）相关概念

介电常数：介质在外加电场时会产生感应电荷而削弱电场，原外加电场（真空中）与最终介质中电场比值即为介电常数（Permeablity）又称诱电率。介电常数又叫介质常数、介电系数或电容率，它是表示绝缘能力特性的一个系数，以字母 ε 表示，单位为法/米。

三、仪器设备及操作方法

(一)仪器设备

采用拉脱维亚 Radar Systems 有限公司制造的 Zond-12e 型地质雷达。Zond-12e 型地质雷达是一种功能强大的探地雷达,其包括了探地雷达和计算机软件。Zond-12e 型地质雷达的 Prism 软件可以人工设置异常物体为高亮状态,从而可以快速、容易地将目标与周围环境区分开来。Prism 软件同样可以显示目标深度、距离、信号强度以及其他更多的信息。

Zond-12e 型地质雷达探测深度可以达到 30 m,可以实现多天线探测。Zond-12e 型地质雷达的 Prism 软件可以设置成加亮不规则和显示最大的不同,以快速和容易地识别目标。软件同样显示深度、距开始点距离、信号强度等参数。

(二)操作方法

根据不同的实际需求,选择不同频率的天线和介质进行,采用测点的方法经过适当次数叠加而成。

四、探地雷达工作方法

探地雷达具有不同的野外工作方法,根据实际工区的地质、地形条件的不同,测量方式可以选择剖面法、多次覆盖法以及宽角法等。实际工作中,测量参数如分离距、时窗以及天线中心频率等也可以根据不同要求进行选择,选择不同的参数可以得到不同分辨率及不同探测精度的雷达图形。一般情况下,在正式进入工区以前,应有目的地进行前期参数选择实验,以达到最佳探测效果。

五、参数设置及资料处理流程

雷达采用的数据采用“Prism 2”软件包进行处理。

处理流程:数据输出→文件编辑→数字滤波→偏移→时深转换→图形编辑输出→雷达剖面图。

六、工程案例分析

本次检测,采用拉脱维亚 Radar Systems 有限公司制造的 Zond-12e 型地质雷达,该仪器具有采集速度快、分辨率高、软件功能强大等特点。根据检测目的,采用 100 MHz 的屏蔽天线,以点测记录的方式采集数据。

探地雷达资料的地质解释是在数据处理后所得的探地雷达时间剖面图像中(见图 8-10),分析反射波组的波形与强度特征, 岩石岩性相对均一,雷达反射波几乎看不出明显的变化,反射波组为细密直线型;黏土层由于层间含水率差异、风化程度的差异等原因,雷达反射波呈现出高幅、低频、宽幅,并呈同相轴连续性;黏土层与石灰岩层之间电性差异较大,速度界面较清晰。石灰岩层中岩溶发育程度较弱或无岩溶层,反射波组也为细密直线型。当有岩溶发育时,反射波波幅和反射波组将随溶洞形态的变化横向上呈现出一定的变化。一般溶洞的反射波为低幅、高频、细密波型,但当溶洞中充填风化碎石或有水时,局部雷达反射波可变强。溶蚀程度弱的石灰岩的雷达反射波组为高频、低幅细密波。

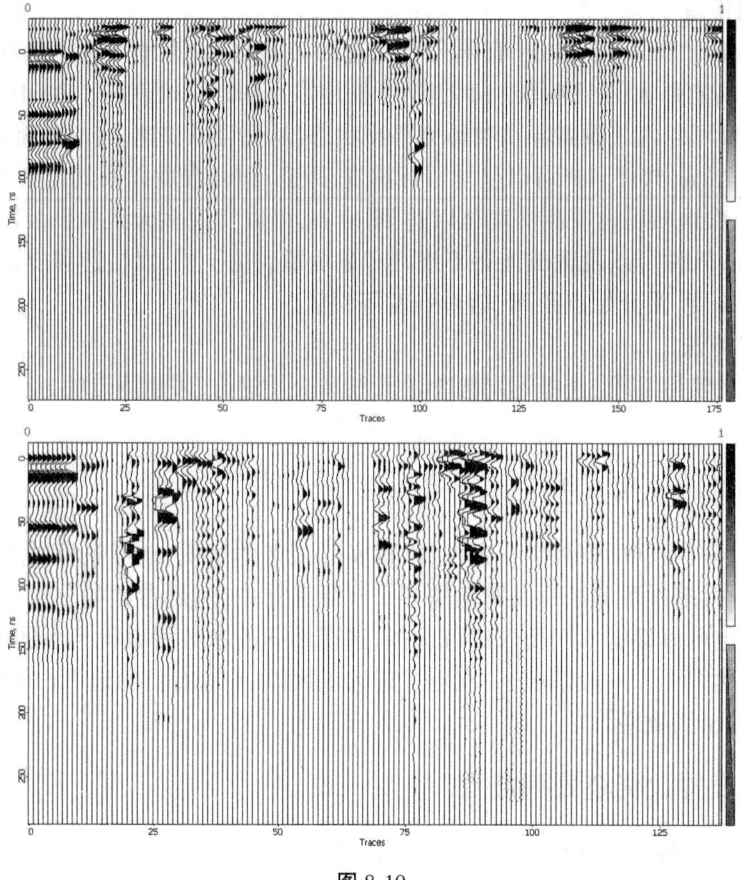

图 8-10

七、成果分析

地质雷达资料的地质解释是地质雷达探测的目的。由数据处理后的雷达图像,全面客观地分析各种雷达波组的特征(如波形、频率、强度等),尤其是反射波的波形及强度特征,通过同相轴的追踪,确定波组的地质意义,构建地质—地球物理解释模型,依据剖面解释获得整个测区的最终成果图。

地质雷达资料反映的是地下地层的电磁特性(介电常数及电导率)的分布情况,要把地下介质的电磁特性分布转化为地质分布,必须把地质、钻探、地质雷达这三个方面的资料有机地结合起来,建立测区的地质—地球物理模型,才能获得正确的地下地质结构模式。

雷达资料的地质解释步骤一般为:

(1)反射层拾取。根据勘探孔与雷达图像的对比分析,建立各种地层的反射波组特征,而识别反射波组的标志为同相性、相似性与波形特征等。

(2)时间剖面的解释。在充分掌握区域地质资料,了解测区所处的地质结构背景的基础上,研究重要波组的特征及其相互关系,掌握重要波组的地质结构特征,其中要重点研究特征波的同相轴的变化趋势。特征波是指强振幅、能长距离连续追踪、波形稳定的反射波。还应分析时间剖面上的常见特殊波(如绕射波和断面波等),解释同相轴不连续带的原因等。

第四节　混凝土超声波回弹试验

一、实验目的

(1)培养学生的动手能力与实验意识。

(2)学习非金属超声监测仪的原理与使用。

(3)学习实验中的实验手段与数据处理方法。

二、实验设备

NM-3C 非金属超声检测仪、探头、耦合剂及标准试块。

三、实验原理

超声波检测的基本原理是:超声波在不同的介质中传播时,将产生反射、折射、散射、绕射和衰减等现象,使我们由接收换能器上接收的超声波信号的声时、振幅、波形或频率发生了相应的变化,测定这些变化就可以判定建筑材料的某些方面的性质和结构内部构造的情况达到测试的目的。

图 8-11 是 NM-3C 非金属超声检测分析仪(简称分析仪)工作原理示意框图。主要由高压发射与控制系统、程控放大与衰减系统、数据采集系统、专用微机系统四部分组成。

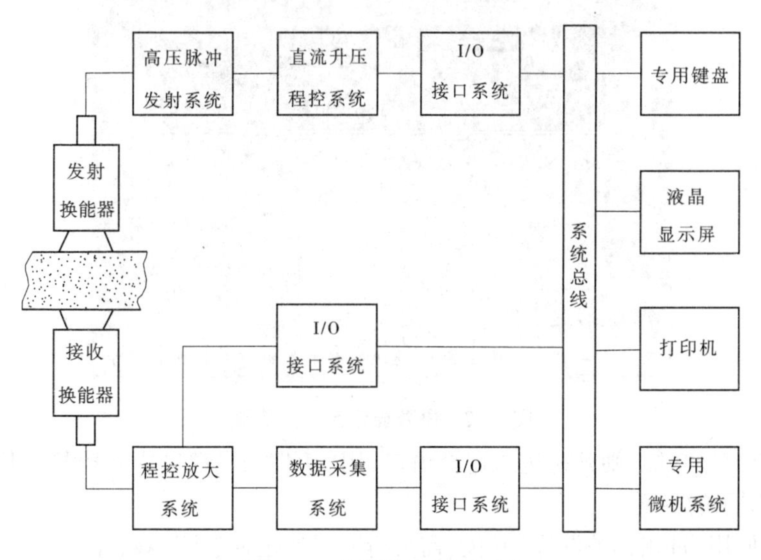

图 8-11　分析仪工作原理图

高压发射系统受同步信号控制产生的高压脉冲激励发射换能器,将电信号转换为超声波信号传入被测介质,由接收换能器接收透过被测介质的超声波信号并将其转换成电信号。接收信号经程控放大与衰减系统作自动增益调整后输送给数据采集系统。数据采集系统将数字信号快速传输到专用计算机系统中,计算机通过对数字化的接收信号分析得出被测对象的声参量。

在功能完善的软件支持下,本仪器充分发挥计算机的运算、分析与控制功能,使之成为集发射激励、信号接收、数据采集、自动检测、结果分析、显示打印、数据输入输出于一体的高智能化仪器。此外,仪器内的数据文件可方便地传输至计算机中,通过随机配套的 Windows 平台下的分析处理软件进行后期分析处理。

四、实验步骤

(一)使用前的准备工作

1.连接换能器

在仪器发射口与接收口(1 或 2)分别连接发射、接收换能器。

2.连接电源

1)交流电源供电

将交流供电电源插头插入 220 V 交流电源插座,圆头插头一端插入仪器电源插座。

2)直流电池供电

直接将仪器电池的圆头插头一端插入仪器电源插座。

3.开机

按下仪器电源开关,电源指示灯显示绿色,并发出“嘀”的响声,几秒钟后,屏幕显示系统主界面(见图 8-12)。

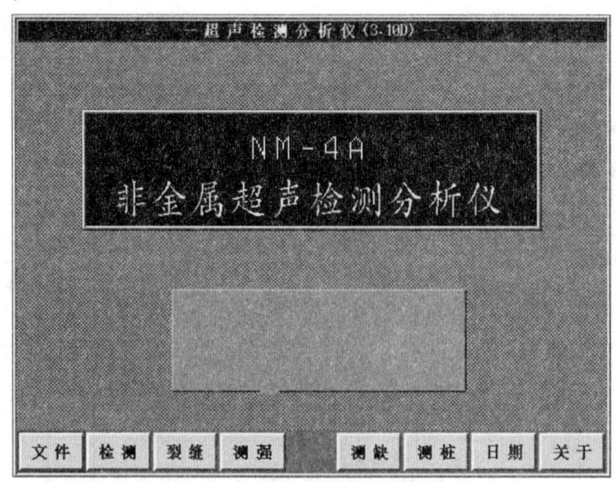

图 8-12　屏幕显示系统主界面

若配置有测厚功能,则开机进入选择窗口,用“↑”“↓”键选中超声检测后按确认键才出现图 8-13 所示的界面。

注:如需使用“冲击回波测厚”功能,需另行购置冲击回波测厚软件。

(二)声参量检测

声参量检测部分用于现场声参量检测、原始数据及波形的存储和打印。

1.声参量检测界面

在主界面按检测按钮进入超声检测状态,图 8-14 所示分别是单通道和双通道测试时的界面。

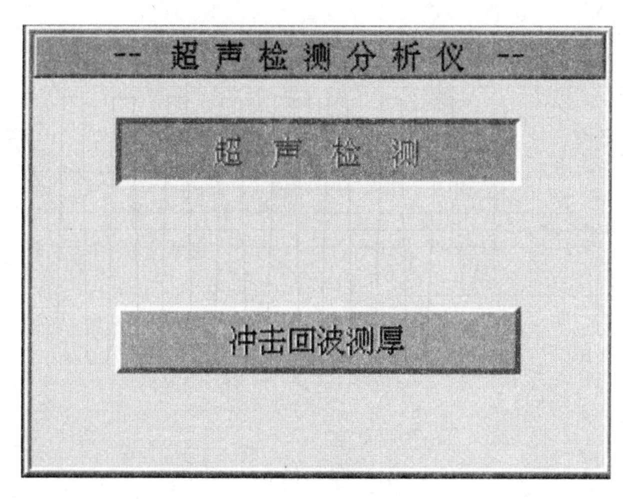

图 8-13　选择窗口

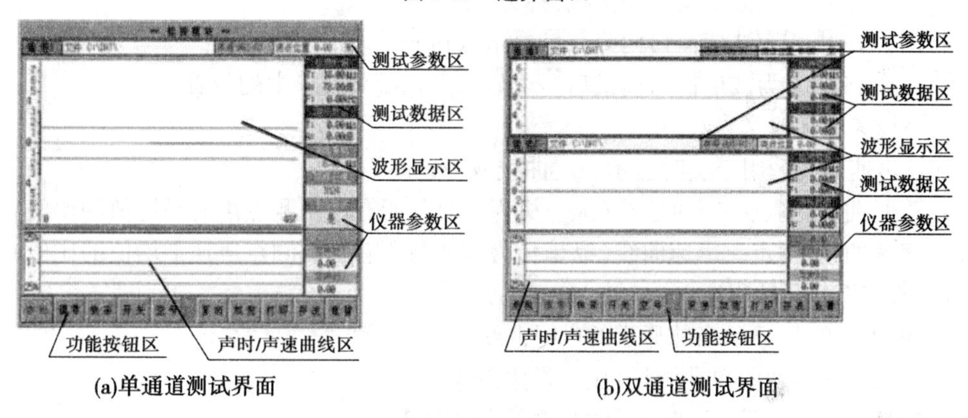

(a)单通道测试界面　　(b)双通道测试界面

图 8-14

1)测试参数区

(1)显示通道号。

(2)显示当前文件名。

(3)显示当前测点序号。

(4)显示当前测点位置(声波透射法测桩或“一发双收”测桩、测井时用)。

2)测试数据区

(1)检测数据区显示当前测点的自动判读首波声时、幅度以及波形的主频(须在参数设置中的“组合参数”项中选中了“T.A.F”)。

(2)游标数据区显示当前测点的由人工通过游标判读的声时、幅度值。

3)波形显示区

在采样时显示动态波形,采样结束后显示静态波形,如图 8-15 所示。

(1)图 8-15 中①为屏幕幅度的刻度,靠左显示的数字为参数设置中设置的首波控制电平(见图 8-15 中④),用于控制仪器自动调整首波幅度到此位置附近。

(2)图 8-15 中②为首波控制线,波幅在两条首波控制线之间的波形被仪器自动认定为噪声信号,在进行首波自动判读时,要求首波幅度要超出首波控制线(动态采样时可用“↑”“↓”调整首波控制线的位置,也可用“+”、“-”调整信号的波形幅度)。

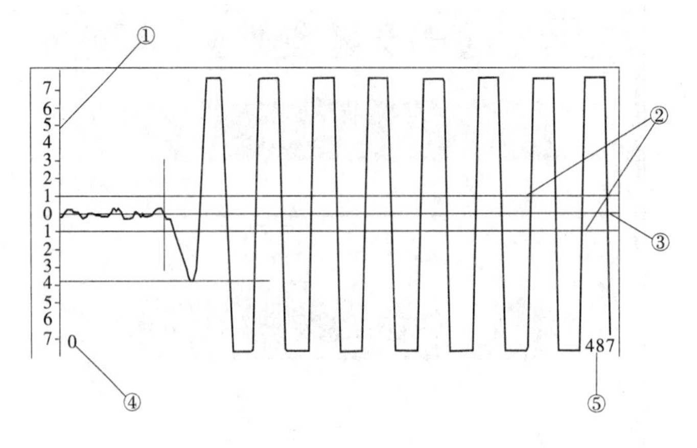

图 8-15

(3)图 8-15 中③为波形窗口的中线,称为基线。

(4)图 8-15 中④为波形窗口内第一个显示点在所采波形中的位置。

(5)图 8-15 中⑤为波形窗口内最后一个显示点在所采波形中的位置。

4)声时/声速曲线区

声时/声速曲线区用于实时显示声时曲线或声速曲线。

(1)声时曲线:测点—声时曲线(纵坐标为声时与所有已测测点声时平均值的比值)。

(2)声速曲线:测点—声速曲线(纵坐标为声速与所有已测测点声速平均值的比值)。

该区域有下列几种用途:

(1)单通道测试:显示当前通道的声时曲线。

(2)双通道一发双收单孔测试:显示声速曲线。

(3)其他双通道测试:分别显示两通道的声时曲线。

5)功能按钮区

按数字键执行相应按钮的功能。

2.参数设置

在超声检测界面下,按"参数"按钮就会弹出"参数设置"对话框,如图 8-16 所示。

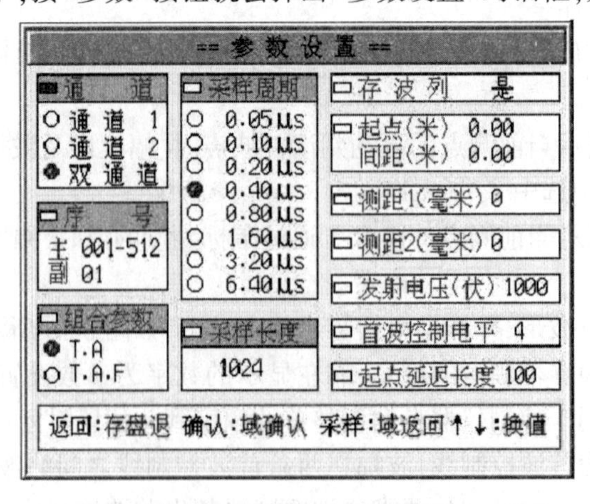

图 8-16 "参数设置"对话框

可以在此进行参数设置。在未退出声参量检测界面前参数设置将会一直保持,重新进入声参量检测界面时,系统会自动将这些参数重置为默认值。

设置参数操作如下:

(1)“确认”:确认当前参数项的设置,并将光标移到下一个选择项。

(2)“采样”:确认当前参数项的设置,并将光标移到上一个选择项。若当前域内的参数值是选择输入,则可用“▲”“▼”二键选择。

(3)返回:退出参数设置窗口并保存设置。

3.调零

1)调零操作的用途

调零操作的用途是消除声时测试值中的仪器及发、收换能器系统的声延时(又称零声时 t_0)。每次现场测试开始前或更换测试导线及传感器后都应进行调零操作。

2)操作方法

用“▲”“▼”键在手动和自动调零之间切换。

(1)手动调零。

①测试、计算零声时。对于厚度振动型换能器(也称夹心式或平面测试换能器),需将与仪器连接好的换能器直接耦合或耦合于标准声时棒上,读取声时值,计算零声时并将其输入到“手动”零声时输入框。

$$t_0 = t_0' + t - t' \tag{8-18}$$

式中,t_0 为待输入的零声时;t_0'为原来的零声时;t 为测试所得的声时值;t'为标准棒的标准声时,若直接耦合则为0。

②输入零声时。在检测界面下按“调零”按钮,弹出如图8-17所示的调零操作窗口。

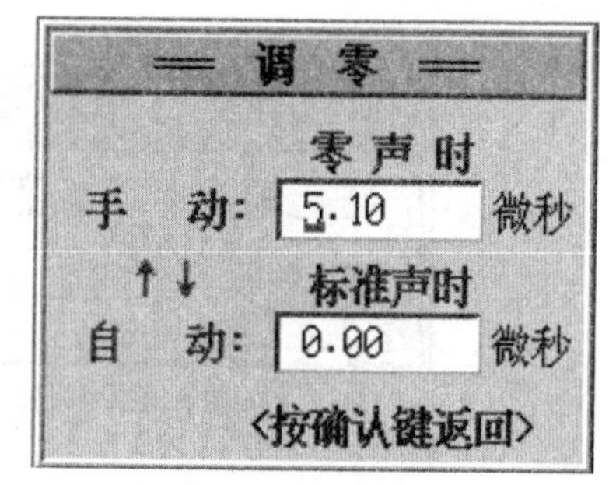

图8-17 调零操作窗口

在“手动”参数输入框输入计算出的零声时,并按“确认”按钮确认(必须在光标停留在“手动”零声时框时按“确认”按钮)。此时调零操作窗口消失,零声时设置完成。

(2)自动调零。将与仪器连接好的厚度振动型换能器(也称夹心式或平面测试换能器)直接耦合或耦合于标准声时棒上,在检测界面下按“调零”按钮弹出如图8-17所示的“调零”操作窗口。用“▲”“▼”键将光标移至“自动”参数输入框,输入标准声时值(直接耦合时为零,使用标准棒时则为标准棒的声时值),必须在光标处于此输入框中时按“确认”键,此时“调零”操作窗口消失,同时仪器进行采样,调整波形使自动判定线正确判定首波位置后按“采样”键,仪器采样停止,并自动记录零声时。

4.采样

用“采样”键控制仪器采集测试数据。

操作方法:当换能器耦合在被测点后,在检测界面下,按“采样”键仪器开始发射超声波并采样,仪器自动调整(或人工调整)好波形后再次按该键,仪器就会停止发射和采样,并显示所测得的声参量数值。

5.快速采样

快速采样适用于被测物声速无明显变化且测试距离保持基本不变的情况，在快采状态下，每次采样时不进行波形自动调整，但可用“+”“-”“▲”“▼”进行波形幅度及位置的人工调整，这种方式的采样速度较快，可提高工作效率。

操作方法：当已经成功地对某测点进行自动判读后，在检测界面下按“快采”按钮，该按钮变为灰色并且凹下，此时仪器处于快采状态。再次按“快采”按钮则仪器取消快采状态。

6.关闭通道

在进行声波透射法测桩时，利用一个发射换能器、两个接收换能器进行两对声测管同时检测的情况下，如果两个接收换能器所在声测管的可测试长度不同（例如堵管使传感器无法下行），造成某一个通道的测试要提前结束，利用此功能可将该接收通道关闭。

操作方法：按下“关闭”按钮，在弹出的设置框中，用“▲”“▼”键选择要关闭的通道号，按确认键确认。

7.设置空号

对于测试过程中无法测读声参量的测点需将该测点设置成空号，否则该点会出现异常声参量，影响整个数据文件的分析处理结果。

操作方法：在检测界面下按“删除”键将出现图8-18所示的对话框。若为单通道测试，按“确认”键则当前测点置为空号；若为双通道测试则在对话框中要求用“3”“4”键选择要设置空号的通道（通道1、通道2或双通道）。

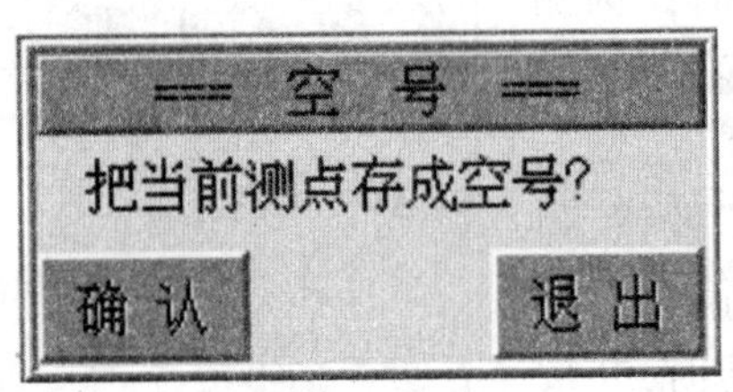

(a)单通道空号设置

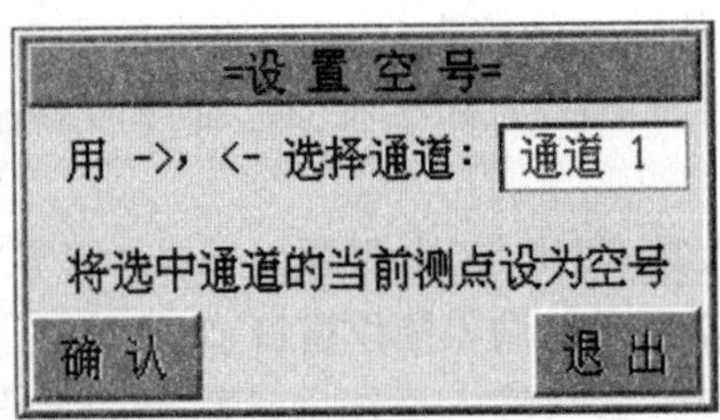

(b)双通道空号设置

图8-18

8.打印

用于打印当前通道数据文件中的数据或屏幕波形。

操作方法：在检测界面下按“打印”按钮，会弹出选择窗口，正确连接好打印机并放好打印纸后，按“1”键打印数据，按“2”键打印波形（见图8-19）。

9.存储波形

用于在测试过程中将当前通道的当前波形及测试参数存成波形文件（扩展名为WW）。

操作方法：在检测界面下按“存波”按钮，会弹出输入文件名的窗口，输入文件名后按“确认”键退出该窗口，并将波形文件保存到仪器中（见图8-20）。

10.查看数据及波列

用于在测试过程中查看当前通道中的已测数据及波列。

操作方法：在检测界面下按“查看”按钮，显示当前通道的数据列表（见图8-21），此时可按“▲”“▼”键翻阅，或按“返回”键退回到检测状态，如果在参数设置中选择了存波，此时还可以按“确认”键查看波列，并进行波列操作。

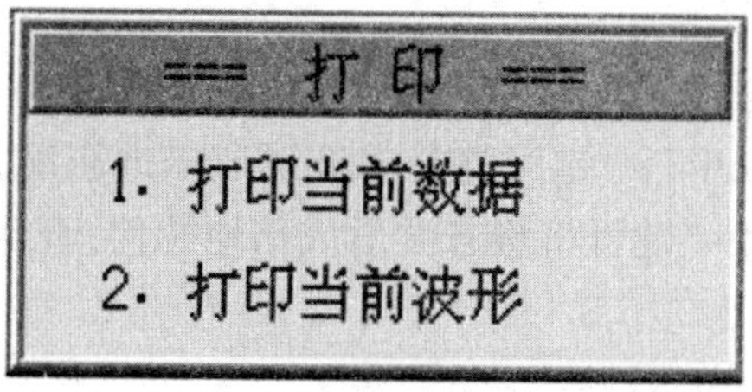

=== 打 印 ===

1. 打印当前数据

2. 打印当前波形

图 8-19

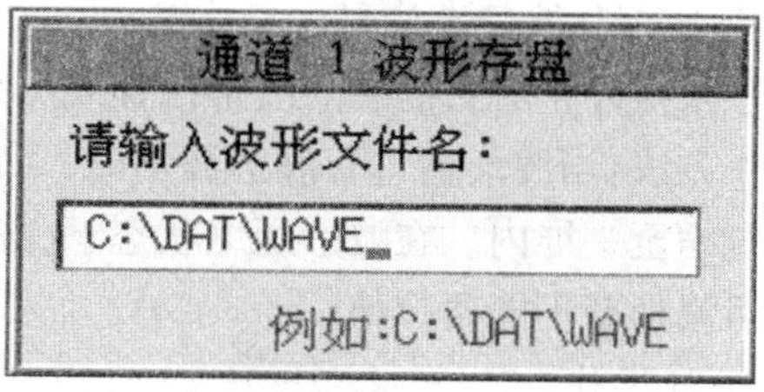

通道 1 波形存盘

请输入波形文件名：

C:\DAT\WAVE_

例如:C:\DAT\WAVE

图 8-20

--- 查 看 数 据 ---

记录	序号	声时	幅度	频率	位置
[1]	001-01	123.60	38.59	-----	0.00
[2]	002-01	123.60	38.17	-----	1.00
[3]	003-01	124.00	37.73	-----	2.00
[4]	004-01	123.20	36.78	-----	3.00
[5]	005-01	123.20	38.38	-----	4.00
[6]	006-01	119.60	38.49	-----	5.00
[7]	007-01	123.60	36.39	-----	6.00
[8]	008-01	119.60	38.38	-----	7.00
[9]	009-01	124.00	37.95	-----	8.00
[10]	010-01	144.40	37.03	-----	9.00
[11]	011-01	144.40	36.39	-----	10.00
[12]	012-01	140.00	37.62	-----	11.00
[13]	013-01	144.00	36.78	-----	12.00
[14]	014-01	143.20	38.38	-----	13.00
[15]	015-01	144.40	37.50	-----	14.00
[16]	016-01	144.40	36.78	-----	15.00
[17]	017-01	144.40	36.78	-----	16.00
[18]	018-01	139.20	37.95	-----	17.00

图 8-21

11.数据存盘

用于将测试参数及各测点的声参量作为一个数据文件存储于仪器中，以便断电保存及后续处理。

操作方法：第一个测点采样完毕后，按“确认”键会弹出如图 8-22 所示的对话框，要求输入工程名称、文件名，此时光标停留在工程名称输入框中，用键盘输入工程名称。按“▲”“▼”键将光标移至文件名称输入框中，输入文件存盘路径及文件名。所有输入完毕后按“确认”键返回测试界面，同时将数据存盘，以后每次采样后按“确认”键可自动存盘。

检测数据存盘

工程名称：

GONG-CHENG

数据文件名：

C:\DAT\CQ1

例如:C:\DAT\DATA

(a)单通道数据存盘

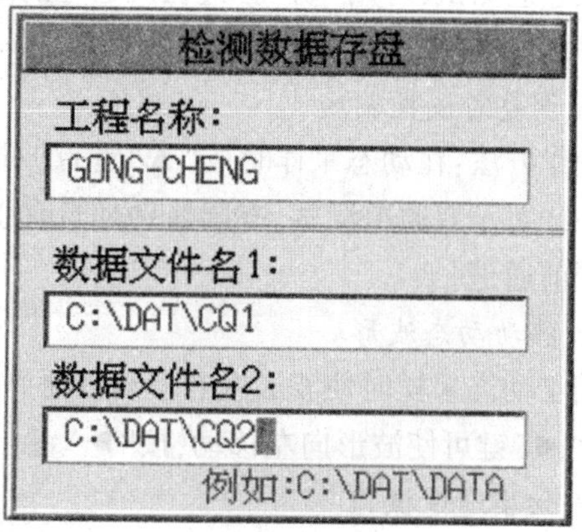

检测数据存盘

工程名称：

GONG-CHENG

数据文件名1：

C:\DAT\CQ1

数据文件名2：

C:\DAT\CQ2

例如:C:\DAT\DATA

(b)双通道数据存盘

图 8-22

12.拉伸或压缩静态波形

用于采样停止后对静态的波形拉伸或压缩。

操作方法:当波形窗口有静态波形时,可以用“-”键可将静态波形成倍地压缩,直至所有波形压缩至一屏内。在波形压缩状态下,按“+”键可将静态波形成倍地拉伸,直至原始波形大小后波形就不能再拉伸。

13.游标操作

用于手动判读首波或后续波形的声时、幅度如图 8-23 所示。每组有两条游标,一条是横向的,用来读取波幅;另一条是纵向的,用来读取声时。单通道时有一组,双通道时两通道各有一组,且这两组游标相互独立,如图 8-24 所示。

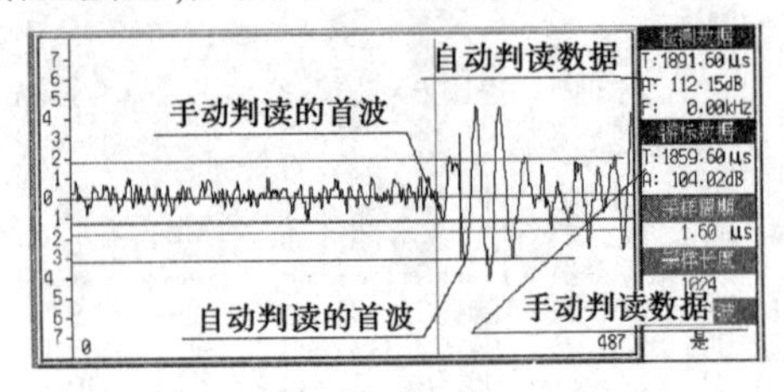

图 8-23　单通道手动判读

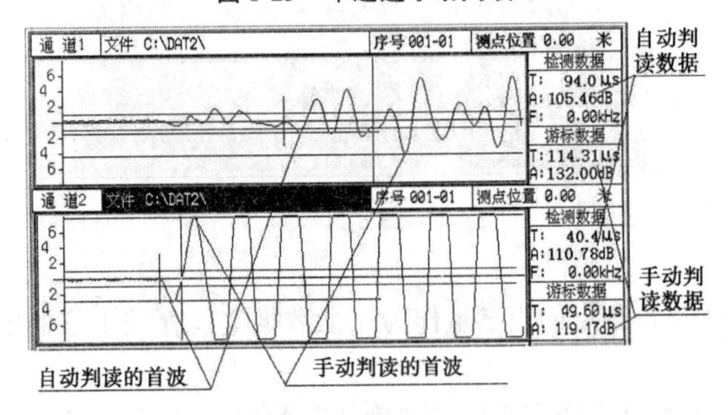

图 8-24　双通道手动判读

操作方法:在静态波形窗口中,按游标键插入游标,用“▲”“▼”键移动横向幅度游标至所需位置,用“◀”“▶”键移动纵向声时游标至所需位置,游标数据区显示声时及幅度读数。对于双通道测试,可用“切换”键在两通道的游标间切换。若该通道已有游标时,再次按“游标”则取消游标。

14.调整首波控制线

操作方法:在动态采样时按“▲”键首波控制线的高度加大;按“▼”键首波控制线的高度减小。对于双通道测试,该调整只对当前通道起作用。可用“切换”键将所要调整的通道设为当前通道。

15.移动动态波形

用于动态采样时使波形左右移动以便更好、更全面地观察波形。操作方法:在动态采样时,按“◀”键可使波形向左移动,按“▶”键可使波形向右移动。

16.切换通道操作

主要用于双通道测试时,在两通道之间进行切换(采样和不采样时都可用),即使通道 1 和通道 2 交替成为“当前通道”,以便对该通道进行操作(如动态采样时“+”“-”键用于调整当前通道的波形幅度,“◀”“▶”键左右移动用于调整当前通道内的波形等)。

操作方法:按“切换”键,测试参数区的文件名框为深颜色的通道为当前通道。

17.调整基线

用于波形中线与波形窗口中央的基线有明显偏差时,将波形中线调整到波形窗口中央的基线位置,可以提高测试结果的准确性。

操作方法:在动态采样状态下,当波形中线与波形窗口中央的基线有明显偏差时,按“0”键即可进行基线自动调整。

18.频谱分析

用于对超声采样获取的静态波形进行幅度谱分析。可以对从采样起点开始的1 024个采样点进行分析,也可对屏幕范围内的时域波形中加窗口对指定波形段分析。分析过程采用FFT算法,速度较快。双通道时只对当前通道的波形进行分析。

操作方法:在检测界面或读入波形文件(扩展名为WW)后的类似界面内,按“频谱”按钮则对当前波形的前1 024个采样点进行FFT运算,并将幅度谱图显示在频谱窗口内,同时显示自动计算的主频和频率分辨率如图8-25所示。

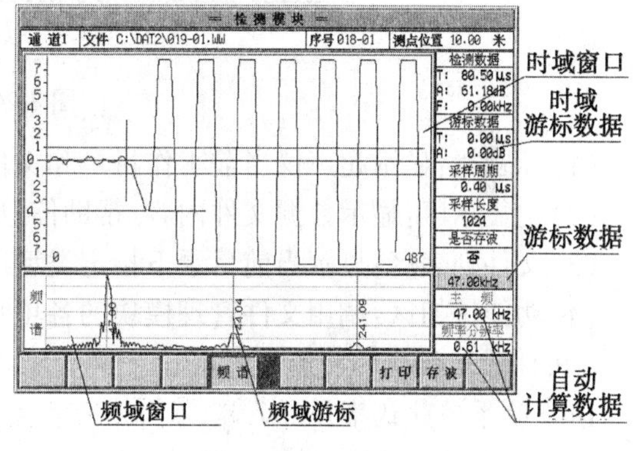

图8-25

1)频域/时域切换

频谱分析界面中主要有时域窗口和频域窗口。游标操作只对当前窗口进行,进入频谱分析界面时,是将频域窗口作为当前窗口,按“切换”键可在两个窗口间切换。当前窗口为时域窗口时在频域游标数据的位置显示“时域”标记。当前窗口为频域窗口时,如果频域有游标则显示游标位置的频率值,否则显示“频域”标记。

2)频域游标

当前窗口为频域窗口时,按下“游标”键可以在频域窗口内插入游标,可用“◀”“▶”键移动游标,在频域游标数据位置会显示当前游标位置的频率值。按“采样”键,可将游标保留在频域窗口内,同时在保留的游标旁显示该位置的频率值。

3)时域加窗频谱

将时域窗口置为当前窗口,再按“游标”键可以在时域窗口内插入游标,可用“◀”“▶”键移动游标,在时域游标数据位置会显示当前游标位置的声时值。按“采样”键,可将游标保留在时域窗口内,最多可以保留两条游标。通过在时域保留两条游标可以在时域窗口内分出一个只包含部分波形的窗口,此时再按“频谱”键会重新进行频谱分析,不同的是这时频谱分析的对象是在这个分出的窗口中的采样点。由此产生的幅度谱图是对应该段时域波形的幅度谱。

4)打印频谱

在频谱分析界面下,按“打印”按钮可以打印幅度谱图。首先弹出窗口询问是否进行打印操作,将打印机连接好并放好打印纸后,按“确认”按钮开始打印,按“返回”不进行打印。打印完幅度谱图后会询问是否打印时域波形,按“确认”打印,按“返回”结束打印操作。

(三)文件管理

1.文件管理模块的界面

在主界面按“文件”按钮即进入文件管理界面,如图 8-26 所示。

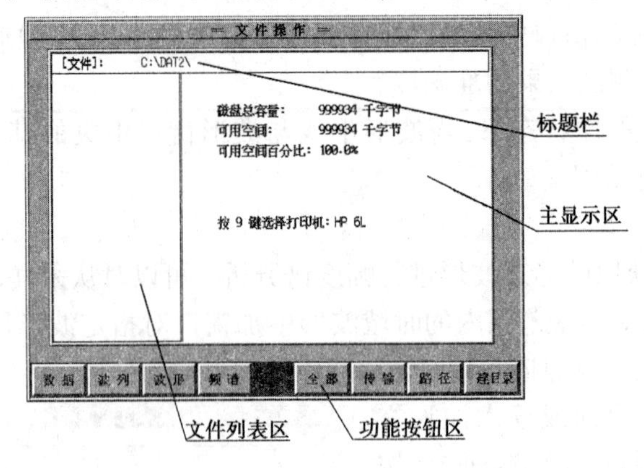

图 8-26

(1)标题栏:显示超声仪当前工作目录和文件名。

(2)主显示区:显示数据文件内容、帮助信息等。

(3)文件列表区:显示当前目录下指定类型的文件的列表。

(4)功能按钮区:调用文件管理模块的各项功能。

2.文件管理模块的功能

1)修改系统默认路径

用于修改系统默认路径,以便对该路径(目录)下的文件进行查看、读入、删除等操作,并且将其作为分析软件的默认路径。

操作方法:在文件管理模块主界面下按“路径”按钮,则光标停留在文件管理界面的标题栏中,用键盘输入路径名后按“确认”按钮。

2)查看文件

操作方法:在文件管理界面下,按“数据”按钮则显示该路径下的数据文件名列表,可按“▲”“▼”键翻页浏览,此时若按“返回”键则退回到文件管理界面。同样在文件管理界面下按“波列”“波形”或“全部”按钮,分别显示该路径下的波列文件名、波形文件名或全部文件名及子目录的列表。

3)读取数据文件

操作方法:将光标停留在需要读取的数据文件上,按“确认”键,此时右边显示框中显示该数据文件的测点数据列表(若一屏显示不下可按“▲”“▼”键翻页)。再按“确认”键读入此文件并返回到文件管理界面。

4)读取波列文件

操作方法:在文件管理界面下,按“波列”按钮,在文件列表区显示波列文件列表,按“▲”“▼”键选择波列文件,按“确认”键显示波形列表。

5)删除文件

操作方法:参见 2)、3)查看和读取波列文件的方法列出文件或子目录列表,按“▲”“▼”键将光标移动到要删除的文件或目录处,按“采样”键,在该文件名或目录名的左边会出现一个“ * ”,表明此文件或目录已经被选中(按下“采样”键后光标会自动跳到下面的文件或目录上)。继续选取直到把当前路径下的所有要删除的文件和目录都选中,按“删除”键删除所选文件和目录。

6)传输文件

操作方法:

(1)在仪器关机状态下用专用传输线(串口线或并口线)将仪器的传输口与计算机的串口或并口连接起来。

(2)打开仪器,在文件管理界面下按下“传输”按钮则进入选择传输方式的界面,选相对应键盘上的数字,用户选择传输方式后则进入文件传输等待状态,此时可在计算机上做传输文件操作。

(3)如果想中断传输或传输已结束,根据提示信息可退出文件传输状态。

7)新建文件目录

操作方法:在文件管理界面下按“建目录”按钮,可在“标题栏”中输入待建目录的目录名,输好后按“确认”键即可建立该目录,同时自动将此目录设置成默认路径。

五、仪器的应用范围

NM-3C 非金属超声监测仪主要应用于检测岩体及结构混凝土强度、内部缺陷、损伤层厚度、裂缝深度等,可扩展至声波透射法桩基完整性检测仪及混凝土厚度测试仪等无损检测中。

六、仪器的优势

(1)不破坏构件或建筑物的结构。

(2)可进行全面检测,能较真实地反映混凝土的质量与强度。

(3)能对内部空洞、开裂、表层烧伤等进行检测。

(4)可用于老建筑物的检测。

(5)非接触检测,简便快捷。

(6)可进行连续测试及重复测试。

第五节　金属探伤试验

一、实验目的

(1)学会 CUD2030 型数字式超声波探伤仪的使用。

(2)能够绘制出相应的幅度 DAC 曲线和分贝 DAC 曲线。

(3)制作出探伤实验报告。

二、实验设备

CUD2030 型数字式超声波探伤仪。

三、实验原理

本实验的实验原理即探伤仪(见图 8-27)的工作原理,超声波在被检测材料中传播时,通过超声波受影响程度和状况的探测了解材料性能和结构变化的技术称为超声检测。超声检测方法通常有穿透法、脉冲反射法、串列法等。超声波探伤仪就是运用超声检测的方法来检测仪器的。

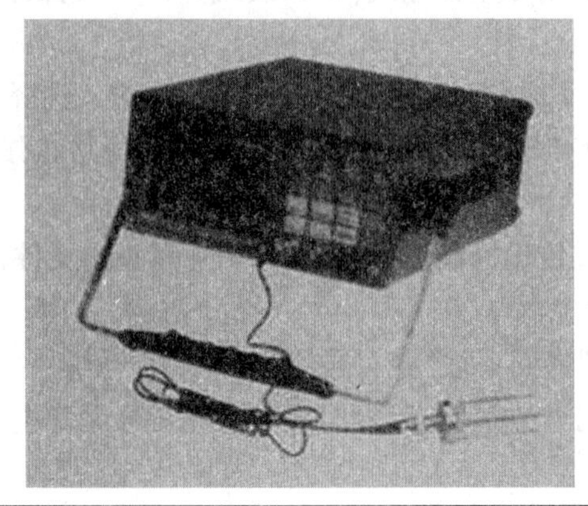

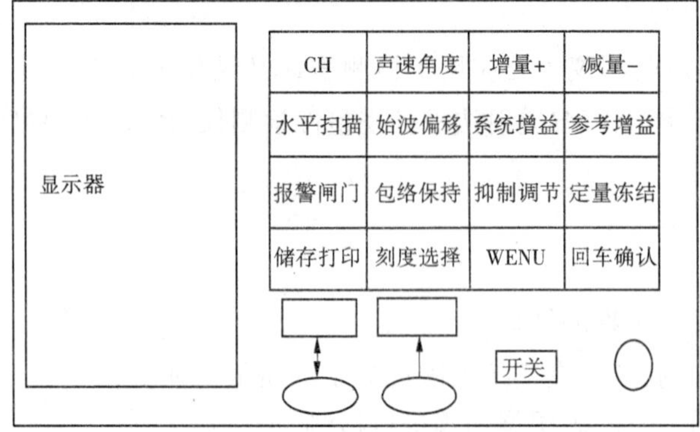

图 8-27　超声波探伤仪

四、实验步骤

(一)开机

启动电源开关,听到蜂鸣器叫声,屏幕显示厂家标志“东大电子”及仪器型号、软件版本号。按回车键,仪器进入波形显示界面。

(二)通道选择

按“CH”键,直至屏幕左上角显示“通道编号”,并且相应的通道号反白,按“+”“-”键调节通道号,仪器共 10 个通道。

(三)预置选择

按“CH”键,屏幕显示仪器所设定的项目,按“+”“-”键可选择所需项目。如选择到所需项目后按回车键,进入应设定的项目,再按回车键,相应项目闪烁,按“+”“-”键调节所需类型或参数。

(四)DAC 曲线制作

1.DAC 曲线制作

调节始波偏移→调声速→调 K 值→调水平"垂直"→显示调节波形→按"包络保持"→按回车键显示光标→用"-"移动光标→用"+"画线→用"-"移动光标至下一点→用"+"画线→以此类推画线结束→按回车键退出 DAC 曲线(只能按一次)→按"包络保持"二次退出。

2.调节始波偏移

方法一:

(1)对斜探头,通过在 CSK-IA 型试块上移动探头和调节增益使 R_{50} 和 R_{100} 反射波同时达到最高,并且这两个波高均不超过屏幕的 100%,紧按探头;对直探头,通过移动探头和调节增益使一次波和二次波达到最高,并且这两个波高均不超过屏幕的 100%,紧按探头。

(2)按"始波偏移",在屏幕的左上方显示"始波偏移"。

(3)按回车键,在屏幕上显示:

始波偏移测试 按回车采样 再按始波偏移退出

(4)按回车键,采样结束,可以松开探头。屏幕显示:

+、-选择一次回波 ——>回车

(5)用"+"或"-"移动光标,选择 R_{50} 或一次回波,然后按回车键。此时,屏幕显示:

+、-选择二次回波 ——>回车

(6)用"+"或"-"移动光标,选择 R_{100} 或二次回波,然后按回车键。则始波偏移测量完毕,在屏幕的左上方显示"始波偏移 10.0 mm",表示其实际测量值为 10 mm。

方法二:

(1)对斜探头,通过移动探头和调节增益使 R_{50} 和 R_{100} 的反射波同时达到最高,并且这两个波高均不超过屏幕的 100%,紧按探头;对直探头,通过移动探头的调节增益使一次波和二次波达到最高,并且这两个波高均不超过屏幕的 100%,紧按探头。

(2)按"始波偏移"至显示"始波偏移":如果按"+",则波形向左偏移,且此时的始波偏移数值增加;而如果按"-"则波形向右移动,且此时的始波偏移数值减小。始波偏移的最小值为 0。为了测量出始波偏移,不断反复调节"始波偏移"的"水平扫描",使 R_{50} 和 R_{100} 或一次波和二次波分别位于屏幕水平方向的 40%和 80%处,则完成始波偏移调节。

3.调节声速

方法一:

(1)对斜探头,通过在 CSK-IA 型试块上移动探头和调节增益使 R_{100}(或已知反射半径的圆弧)反射波达到最高,并且这个波高不超过屏幕的100%,紧按探头;对直探头,通过移动探头和调节增益使一次波达到最高,并且这个波高不超过屏幕的100%,紧按探头。

(2)按"声速角度",使屏幕的左上角显示"声速",并且一直显示在屏幕上的"v:3.23 mm /μs"会出现反白。

(3)按回车键,进入声速测量程序,屏幕显示:

声速测量
始波偏移已校准?
是——>+否——>-

(4)在声速测量前,必须校准始波偏移,否则会影响测量结果,按"+",则继续声速测量;按"-",则退出声速测量。

(5)屏幕显示"按回车采样",按回车键后,波形冻结,屏幕显示

+、-选择一次回波
———> 回车

(6)用"+"或"-"移动光标,选择 R_{100} 或一次回波,然后按回车键,此时,屏幕显示:

板厚/半径:(mm)
100.0
+/-————>回车

(7)用"+"或"-"调节一次波或 *R* 圆弧半径,然后按回车键,则声速测量完毕,在屏幕上方显示新的声速测量值,如"v:3.20 mm/μs",表示其实际测量值为3.20 mm/μs。

方法二:

(1)按"声速",使屏幕的左上角显示"声速",并且一直显示在屏幕上的"v:3.23 mm/μs"会出现反白。

(2)按"+"或"-",直接调节声速值大小,直至所要设定的数值。

4.*探头 K 值测试方法*

方法一:

(1)通过在CSK-Ⅲ型试块上移动探头和调节增益使已知深度的小孔反射波达到最高,并且这个波高不超过屏幕的100%,紧接探头。

(2)按"角度/声速",使屏幕的左上角显示"探头角度",并且一直显示在屏幕上的"a:63.5 K:2.00"会出现反白。

(3)按回车键,进入探头角度测量程序,屏幕显示:

K 值测量
声速已校准?
是——>+否——>-

(4)在 *K* 值测量前,必须校准声速,否则会影响测量结果。按"+",则继续 *K* 值测量:按

“-”,则退出 K 值测量。

(5)屏幕显示“按回车采样”,按回车键后,波形冻结,屏幕显示:

+、-选择一次回波 ———>回车

(6)用“+”或“-”移动光标,直至小孔回波,然后按回车键。此时,屏幕显示:

孔深:(mm) +/———>回车

(7)按“+”或“-”调节小孔深度。调节完毕后,再按回车键。在屏幕上显示相应的测量值“K:1.98”,表示其实际测量值为 1.98。

方法二:

(1)按“角度/声速”,使屏幕的左上角显示“探头角度”,并且一直显示在屏幕上的“a :63.5 K:2.00”出现反白。

(2)按“+”或“-”,直接调节 K 值大小,直至所要设定的数值。

5.制作幅度 DAC 曲线

(1)通过在 CSK-ⅢA 型试块上移动探头和调节增益使已知最浅深度为 10 mm(为介绍方便,假定选择 10 mm、20 mm 和 30 mm 三点制作幅度 DAC)小孔反射波最高,并且达到屏幕高度的约 80%处,紧按探头。

(2)按“包络”至屏幕的左上角显示“峰值包络/波形”,将探头从试块上取走。

(3)按“回车”,此时有一十字光标从屏幕左边向右移动,并且在某一波峰处停下。程序进入 DAC 曲线制作部分(如看不到十字光标,则反复按回车键)。

(4)用“-”使十字光标移动,当十字光标移动到所要选择的波峰时,按“+”,选择该波峰。然后画出该点的 DAC 曲线,为下一点做好准备。

(5)通过移动探头使第二个深度为 20 mm 的小孔反射波最高。将探头从试块上取走。

(6)用“-”使十字光标移动,当十字光标移动到所要选择的波峰时,按“+”,选择该波峰。然后画出该点的 DAC 曲线,为下一点做好准备。

(7)通过移动探头使第三个深度为 30 mm 的小孔反射波最高。将探头从试块上取走。

(8)用“-”使十字光标移动,当十字光标移动到所需选择的波峰时,按“+”,选择该波峰。然后画出该点的 DAC 曲线,为下一点做好准备。

(9)当所有想要测量的点都完成后,按回车键,此时会在屏幕上闪烁显示两次已做成的幅度 DAC 曲线。

(10)按两下包络键,从该程序中退出。

五、实验成果

(1)打印 DAC 曲线,见图 8-28。

(2)做出超声波探伤报告,见表 8-2。

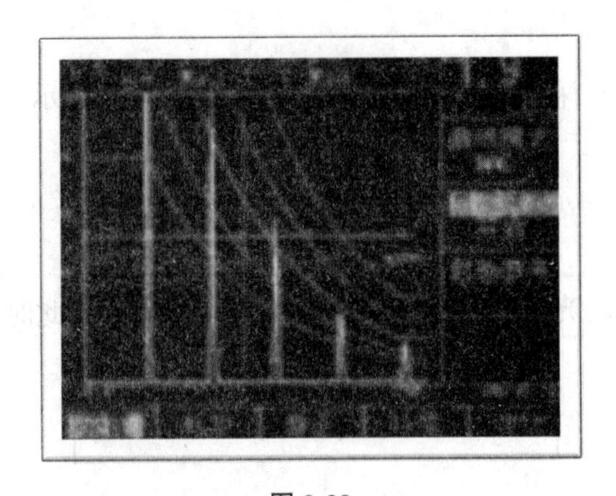

图 8-28

表 8-2　超声波探伤报告

编号：

<table>
<tr><td>单位</td><td></td><td>探头类型</td><td>斜探头</td></tr>
<tr><td>工件名称</td><td></td><td>探头频率</td><td>2.5 MHz</td></tr>
<tr><td>探伤标准</td><td></td><td>探头前沿</td><td>10.0 mm</td></tr>
<tr><td></td><td></td><td>探头尺寸</td><td>16.0 mm×12.0 mm</td></tr>
<tr><td colspan="4">探测结果：</td></tr>
<tr><td colspan="4">备注：</td></tr>
<tr><td>探伤员</td><td></td><td>审核</td><td></td></tr>
</table>

参考文献

[1] 中华人民共和国住房和城乡建设部.建筑工程检测试验技术管理规范:JGJ 190—2010[S].北京:中国建筑工业出版社,2010.

[2] 中华人民共和国住房和城乡建设部,国家质量监督检验检疫总局.房屋建筑和市政基础设施工程质量检测技术管理规范:GB 50618—2001[S].北京:中国建筑工业出版社,2011.

[3] 北京市质量技术监督局,北京市住房和城乡建设委员会.建设工程检测试验管理规程:DB11/T 386—2017[S].北京:中国建筑工业出版社,2007.

[4] 中华人民共和国住房和城乡建设部.混凝土结构工程施工质量验收规范:GB 50204—2015[S].北京:中国建筑工业出版社,2015.

[5] 中华人民共和国住房和城乡建设部.砌体结构工程施工质量验收规范:GB 50203—2011[S].北京:中国建筑工业出版社,2011.

[6] 中华人民共和国国家质量监督检验检疫总局,中国国家标准化管理委员会.通用硅酸盐水泥:GB 175—2007E[S].北京:中国标准出版社,2008.

[7] 国家质量技术监督局.水泥胶砂强度检验方法(ISO 法):GB/T 17671—1999[S].北京:中国标准出版社,1999.

[8] 中华人民共和国国家质量监督检验检疫总局,中国国家标准化管理委员会.水泥标准稠度用水量、凝结时间、安定性检验方法:GB/T 1346—2011[S].北京:中国标准出版社,2011.

[9] 中华人民共和国国家质量监督检验检疫总局,中国国家标准化管理委员会.水泥取样方法:GB/T 12573—2008[S].北京:中国标准出版社,2008.

[10] 国家质量技术监督局,中华人民共和国建设部.土工试验方法标准(2007 版):GB/T 50123—1999[S].北京:中国计划出版社,1999.

[11] 中华人民共和国住房和城乡建设部.普通混凝土配合比设计规程:JGJ 55—2011[S].北京:中国建筑工业出版社,2011.

[12] 王陵茜.试验员专业知识与实务[M].北京:中国环境科学出版社,2010.

[13] 韩旭. 试验员[M]. 北京:知识产权出版社,2013.

[14] 白建红,马洪晔. 建设行业试验员岗位考核培训教材[M].北京:中国建筑工业出版社,2017.

[15] 刘建忠.试验员专业管理实务[M].北京:中国建筑工业出版社,2014.

[16] 宋学东,王晖,张坤强.力学与结构实验[M].郑州:黄河水利出版社,2017.

参考文献